建设工程招投标与合同管理
(第 2 版)

陶红霞　　任松寿　　主　编
田学东　　主　审

清华大学出版社
北京

内 容 简 介

本书全面介绍了建筑工程项目招标投标与合同管理的理论和方法，主要包括招投标的概念、建筑市场概述、招标投标的程序、开标/评标与定标、建设工程合同的签订与管理等，并列举了实际案例，及一定数量的思考题或习题。为了巩固招投标与合同管理基础知识的学习效果，还设置了招投标与合同管理的模拟实训内容。

本书可以作为高等职业学校建筑类有关专业的教材、工程施工管理人员的参考用书，同时也可以作为建筑类执业资格考试人员的参考用书。

图书在版编目(CIP)数据

建设工程招投标与合同管理/陶红霞，任松寿主编. —2 版. —北京：清华大学出版社，2020.6
(2025.2 重印)

    ISBN 978-7-302-55687-9

    Ⅰ. ①建…　Ⅱ. ①陶…　②任…　Ⅲ. ①建筑工程—招标—高等职业教育—教材 ②建筑工程—投标—高等职业教育—教材 ③建筑工程—经济合同—管理—高等职业教育—教材　Ⅳ. ①TU723

    中国版本图书馆 CIP 数据核字(2020)第 105495 号

责任编辑：石　伟　桑任松
装帧设计：刘孝琼
责任校对：李玉茹
责任印制：刘海龙
出版发行：清华大学出版社
      网　　　址：https://www.tup.com.cn, https://www.wqxuetang.com
      地　　　址：北京清华大学学研大厦 A 座　　　邮　　编：100084
      社 总 机：010-83470000　　　邮　　购：010-62786544
      投稿与读者服务：010-62776969, c-service@tup.tsinghua.edu.cn
      质量反馈：010-62772015, zhiliang@tup.tsinghua.edu.cn
      课件下载：https://www.tup.com.cn, 010-62791865
印 装 者：北京建宏印刷有限公司
经　　销：全国新华书店
开　　本：185mm×260mm　　　印　张：10.75　　　字　数：260 千字
版　　次：2013 年 8 月第 1 版　2020 年 8 月第 2 版　　印　次：2025 年 2 月第 4 次印刷
定　　价：33.00 元

产品编号：087169-01

前　言

　　"建设工程招投标与合同管理"课程是工程管理、工程造价、工程技术等专业的主要课程之一，工程招投标与合同管理工作也是工程项目管理中的一个重要环节。工程招投标工作的最直接结果表现为选择哪些单位参与到工程项目中来，工程招投标工作是对工程项目的前期咨询、勘察设计、施工安装、监理、材料设备采购等具体项目任务的实施单位的落实，同时还涉及工程项目的承发包模式、工程项目的合同条件等诸多重要问题，将直接影响项目的实施与成败。高质量的工程项目招投标工作是保证工程项目顺利完成的必要环节。

　　本书是根据现行的《中华人民共和国建筑法》《中华人民共和国招标投标法》《中华人民共和国合同法》《中华人民共和国简明标准施工招标文件》《建设工程施工合同示范文本》等与工程建设相关的法律、法规、规范编写的。在教材内容编写上，注重理论联系实际，利用案例强化对实际问题的分析；在能力训练上，通过编写案例分析，突出工程招投标与合同管理实际技能的培养。

　　本书是由天津城市建设管理职业技术学院建筑经济管理系与建筑企业合作开发的教材。全书共分为 5 个章节，内容为认识招投标、建设工程施工招标实务、建设工程投标实务、建设工程合同管理、招投标模拟实训。本书主要作为高职高专土建类专业的专业教材，也可供相关专业工作人员使用和参考。

　　本书由天津城市建设管理职业技术学院陶红霞、任松寿主编，董鸾、秦顺伟参与编写。第 1 章由陶红霞编写，第 2 章由任松寿编写，第 3 章由陶红霞、董鸾编写，第 4 章由任松寿、陶红霞编写，第 5 章由任松寿、董鸾以及中国南通建筑工程总承包公司高级工程师秦顺伟编写。

　　本书在编写过程中参考了大量的相关著作和论文，并从中得到了很多启发，在此对所有参考文献的作者表示深深的感谢。由于编者水平有限，书中如有不妥和错误之处，恳请同行专家、学者和读者批评指正。

编　者

目　录

第 1 章 认识招投标

【学习目标】

通过本章的学习，可以了解工程承发包的概念，建筑市场的概念及管理体制；熟悉工程承发包的内容、方式，建设工程交易中心的功能与运行程序，建设工程招投标的概念、分类、特点及招投标活动的基本原则；熟悉招标人、投标人、招标代理机构的权利和义务，招投标的管理体制；掌握招标人、投标人、代理机构在招投标工作中应具备的条件。

1.1 工程承发包

1.1.1 工程承发包的概念

承发包是一种经营方式,是指交易的一方为交易的另一方完成某项工作或供应一批货物,并按一定的价格取得相应报酬的一种交易行为。

工程承发包是指根据协议,作为交易一方的建筑施工企业,负责为交易另一方的建设单位完成某项工程的全部或其中一部分工作,并按一定的价格取得相应的报酬。委托任务并支付报酬的一方称为发包人(建设单位、业主),接受任务负责保质保量完成任务并取得报酬的一方称为承包人(建筑施工企业、承包商)。

我国在工程建设中所采取的经营方式有自营和承包两种。自营方式不适应大规模生产和建设的需要,基本上不予采用。承包可分为指定承包、协议承包和招标承包三种类型。

1.1.2 工程承发包业务的形成与发展

最早进入国际承发包市场的是一些发达资本主义国家的建筑业。19世纪末,发达资本主义国家为了争夺生产原料和谋求最大利润,向其殖民地和经济不发达国家大量输出资本,建筑业同时进入其他投资国家的建筑市场,利用当地廉价的劳动力承包建筑工程,牟取暴利。二战以后,许多国家战后重建的规模非常巨大,建筑业空前发展,20世纪50年代后期,一些国家已经在战后迅速发展起来的建筑企业,因国内任务减少,不得不转向国外建筑市场。20世纪80年代,东亚和东南亚地区经济发展良好,促进了本国建筑业的迅速发展,又吸引了许多西方建筑公司的参与,从而促进了国际建筑市场的发展。

据美国《工程新闻纪录》的统计,世界较大的工程承包公司有225家,无论是公司数量还是市场份额,西方发达公司都占据着绝对优势。包括美国、加拿大、欧洲和日本在内的发达国家,国外营业额占营业总额的85%以上。中国公司占46家,如中国建筑工程总公司、中国交通建设集团总公司、中国石油工程建设总公司、上海建工集团、中国铁路工程总公司等。近年来,我国对外承包工程额屡创新高,中国公司承揽的大项目越来越多,项目的规模和档次不断提升,中国承包商在国际工程承包市场上的地位得到不断提高。

目前,我国对外承包已经形成了"亚洲为主,发展非洲,拓展欧美"的多元化格局,业务范围涵盖了石油化工、交通运输、水利电力、资源开发、电子通信等国民经济的诸多领域。

1.1.3 工程承发包的内容

工程承发包的内容非常广泛,可以对工程项目建设的全过程进行总承包,也可以对工程项目的建议书、可行性研究、勘察设计、材料及设备供应、建筑安装工程施工、生产准备和竣工验收等进行阶段性承包。

1.1.4　工程招投标的产生和发展

工程招投标是工程承发包的产物，前者是随着后者的发展而产生和逐步完善的。

1. 国外工程招投标的产生和发展

19 世纪初，各主要资本主义国家为了满足经济建设的需要，大力发展建筑业，导致承包商逐渐增多，投资者为了满足社会对工程质量、功能、建设速度、设计施工水平的要求，需要从众多的承包商中选出自己最满意的承包商，这就导致了招投标交易方式的出现。1830年，英国政府明令工程承发包要采用招投标的方法。

2. 我国招投标制度的产生与发展

我国的招投标制度是伴随着改革开放的步伐而逐步建立并完善的。1984 年，国家计委、城乡建设环境保护部联合下发了《建设工程招标投标暂行规定》，倡导实行建设工程招投标，我国由此开始推行招投标制度。

1991 年 11 月 21 日，建设部、国家工商行政管理局联合下发《建筑市场管理规定》，明确提出要加强发包管理和承包管理，其中发包管理主要是指工程报建制度与招标制度。在整顿建筑市场的同时，建设部还与国家工商行政管理局一起制定了《施工合同示范文本》及其管理办法，于 1991 年颁发，以指导工程合同的管理。1992 年 12 月 30 日，建设部颁发了《工程建设施工招标投标管理办法》。

1994 年 12 月 16 日，建设部、国家体改委再次发出《全面深化建筑市场体制改革的意见》，强调了建筑市场管理环境的治理。文中明确提出要大力推行招标投标，强化市场竞争机制。此后，各地也纷纷制定了各自的实施细则，使我国的工程招投标制度更趋于完善。

1999 年，我国工程招标投标制度面临重大转折。首先是 1999 年 3 月 15 日全国人大通过了《中华人民共和国合同法》，并于同年 10 月 1 日起生效实施，由于招标投标是合同订立过程中的两个阶段，因此，该法对招标投标制度产生了重大的影响。其次是 1999 年 8 月30 日全国人大常委会通过了《中华人民共和国招标投标法》，并于 2000 年 1 月 1 日起施行，这部法律基本上是针对建设工程发包活动而言的，其中大量采用了国际惯例或通用做法，由此带来了招标投标体制的巨大变革。

随后的 2000 年 5 月 1 日，国家计委发布了《工程建设项目招标范围的规模标准规定》，2000 年 7 月 1 日又发布了《工程建设项目自行招标试行办法》和《招标公告发布暂行办法》。

2001 年 7 月 5 日，国家计委等七部委联合发布《评标委员会和评标办法暂行规定》。该规定有三个重大突破，即关于低于成本价的认定标准；关于中标人的确定条件；关于最低价中标。这一规定第一次明确了最低价中标的原则，这与国际惯例是接轨的。这一评标定标原则必然会给我国现行的定额管理带来冲击。同时期，建设部还连续颁布了第 79 号令《工程建设项目招标代理机构资格认定办法》、第 89 号令《房屋建筑和市政基础设施工程施工招标投标管理办法》以及《房屋建筑和市政基础设施工程施工招标文件范本》(2003 年1 月 1 日施行)、第 107 号令《建筑工程施工发包与承包计价管理办法》，2012 年又发布《简明标准施工招标文件》等，对招标投标活动及其承发包中的计价工作进行进一步的规范。

1.2 建 筑 市 场

1.2.1 建筑市场的概念

市场是商品经济的产物,凡是有商品生产和商品交换的地方,就必然有市场,市场是商品交换的场所。

建筑市场是指以建筑产品承发包交易活动为主要内容的市场,一般称作建设市场或建筑工程市场。

建筑市场有广义和狭义之分:狭义的市场一般指有形建筑市场,有固定的交易场所。广义的市场包括有形和无形市场,包括与工程建设有关的技术、租赁、劳务等各种要素市场。完整的建筑市场体系如图 1-1 所示。

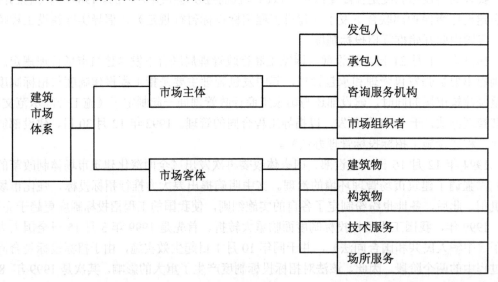

图 1-1 建筑市场体系

1.2.2 建筑市场的主体和客体

1. 建筑市场的主体

(1) 业主。业主指建设单位,只有在发包工程或组织工程建设时才成为市场主体,故又称为发包人或招标人。我国大多数工程项目是由政府部门、企事业单位投资建设的,业主基本属于政府部门、企事业单位等。

(2) 承包商。承包商是指拥有一定数量的建筑装备、流动资金、工程技术经济管理人员以及一定数量的工人,取得建设行业相应资质证书和营业执照的,能够按照业主的要求提供不同形态的建筑产品,最终取得相应工程价款的建筑施工企业。

相对于业主,承包商作为建筑市场的主体,将长期存在。

2. 建筑市场的客体

建筑市场的客体,一般指建筑产品,是建筑市场的交易对象,既包括有形的建筑产品,也包括无形的产品——各类智力性服务，如咨询报告、咨询意见、图纸、勘察报告等。

1) 建筑产品的特点

(1) 建筑产品的固定性和生产过程的流动性。产品与土地相连，不可移动。

(2) 建筑产品的单件性。单独设计，不能批量生产。

(3) 建筑产品的整体性和分部分项工程的相对独立性。

(4) 建筑生产的不可逆性。进入生产阶段，不可退换。

(5) 建筑产品的社会性。涉及公众利益，工程建设的市场行为受到监管。

2) 建筑产品的商品属性

改革开放以来，建筑业逐步成为市场经济的领航人，建筑企业成为独立的生产单位，建设投资由国家拨款改为多种渠道筹措，市场竞争代替行政分配任务，建筑产品的价格也逐渐形成由市场决定的价格机制。建筑产品的商品属性的观念已为大家所认识，这成为建筑市场发展的基础，并推动了建筑市场的价格机制、竞争机制和供求机制的形成，使实力强、素质高、经营好的企业在市场上更具竞争性，能够更快地发展，实现资源的优化配置，从而提高全社会的生产力水平。

3) 工程建设标准的法定性

工程建设标准是指对工程勘察、设计、施工、验收、质量检验等各个环节的技术要求。它包括下述五个方面的内容。

(1) 工程建设勘察、设计、施工及验收等的质量要求和方法。

(2) 与工程建设有关的安全、卫生、环境保护的技术要求。

(3) 工程建设的术语、符号、代号、量与单位、建筑模数和制图方法。

(4) 工程建设的试验、检验和评定方法。

(5) 工程建设的信息技术要求。

工程建设标准涉及范围很广，包括房屋建筑、交通运输、水利、电力、通信、采矿冶炼、石油化工、市政公用设施等诸多方面。

建筑产品的质量不仅关系到承发包双方的利益，也关系到国家和社会的公共利益，正是由于建筑产品的这种特殊性，所以其质量标准是以国家标准、国家规范等形式颁布实施的。从事建筑产品的生产必须遵守这些标准规范的规定，违反这些标准规范将受到国家法律的制裁。

1.2.3　建设工程交易中心

建设工程从投资性质上来看，可以分为两大类：一类是国家投资项目，另一类是私人投资项目。在西方发达国家，私人投资占绝大多数，工程项目管理是业主自己的事情，政府只负责监督其是否依法建设；对国有投资项目，一般设置专门的管理部门，代为行使业主的职能。

我国是以社会主义公有制为主体的国家，政府、国有企业、事业单位投资在社会投资中占主导地位。建设单位使用的都是国有投资，由于体制或管理制度的不完善，很容易在工程发包过程中产生不正之风或腐败现象。近年来，我国出现了建设工程交易中心，把所有代表国家或国有企事业单位的业主请进建设工程交易中心进行招标，设置专门的监督机构，这是我国解决交易透明度问题和加强建筑市场管理的一种独特方式。

1. 建设工程交易中心的性质与作用

(1) 性质。建设工程交易中心是经政府主管部门批准的,为建设工程交易活动提供服务的场所。

(2) 作用。所有国有资金投资都必须在建设工程交易中心内报建、发布招标信息、合同授予、申领施工许可证。招投标活动必须在场内进行,并接受政府有关管理部门的监督。应该说建设工程交易中心的设立,对建立国有投资的监督制约机制,规范承发包行为,将建筑市场纳入法制化的管理轨道发挥着重要的作用。

2. 基本功能

(1) 信息服务功能。
(2) 场所服务功能。
(3) 集中办公功能。

3. 运行原则

(1) 信息公开原则(保证市场各方主体都能及时获取所需信息)。
(2) 依法管理原则(严格按照法律法规工作)。
(3) 公平竞争原则(建立公平的市场竞争秩序)。
(4) 属地进入原则(一个城市原则上只有一家)。
(5) 办事公正原则。

1.3 建设工程招投标概述

1.3.1 招投标的概念

1. 招标投标

招标投标是在市场经济条件下进行工程建设、货物买卖、中介服务等经济活动的一种竞争方式和交易方式。其特征是引入竞争机制以求达成交易协议或订立合同。

招标投标是指招标人对工程建设、货物买卖、中介服务等交易业务,事先公布采购条件和要求,吸引愿意承接任务的众多投标人参加竞争,招标人按照规定的程序和办法择优选定中标人的活动。

2. 建设工程招标投标

建设工程招标投标,是指建设单位或个人(即业主或项目法人)通过招标的方式,将工程建设项目的勘察、设计、施工、采料设备供应、监理等业务,一次或分步发包,由具有资质的承包单位通过投标竞争的方式来承接。

3. 建设工程招投标的最大优点

将竞争机制引入工程建设领域,实行交易公开,鼓励竞争、防止和反对垄断,通过平等竞争,优胜劣汰,最大限度地实现投资效益的最优化,通过严格、规范、科学合理的运作程序和监管机制，有力地保证了竞争过程的公正性和安全性。

1.3.2　招投标活动的基本原则

1．合法原则

合法原则主要指四个方面合法：主体资格要合法；活动依据要合法；活动程序要合法；对招标投标的管理要合法。

2．统一开放原则

统一开放原则即市场必须统一；管理必须统一；规范必须统一；统一市场准入原则，以打破地区(部门)的束缚和限制。

3．公开、公平、公正原则

公开是指信息公开、条件公开、程序公开、结果公开。

公平是指所有投标人均享有均等机会，具有同等权利，履行同等义务，不受歧视。

公正是指在招标投标活动中按照统一标准，实事求是地对待所有投标人，不偏袒任何一方。

4．诚实信用原则

诚实信用原则即以诚相待，讲求信义，实事求是，做到言行一致，遵守诺言，履行成约，不得见利忘义、投机取巧、弄虚作假，不得损害国家和集体利益等。

5．择优高效原则

择优高效原则即追求最佳的投资效益，选出最优秀、最满意的投标人作为中标人。

1.3.3　招投标活动的意义

实行建设项目的招标投标是我国建筑市场趋向规范化、完善化的重要举措，对于择优选择承包单位、全面降低工程造价、进而使工程造价得到合理有效的控制具有十分重要的意义，具体表现在以下几方面。

1．形成了由市场定价的价格机制

实行建设项目的招标投标基本形成了由市场定价的价格机制，使工程价格更加趋于合理。其最明显的表现就是若干投标人之间出现了激烈的竞争(相互竞标)，这种市场竞争最直接、最集中的表现就是在价格上的竞争。通过竞争确定出工程价格，使其趋于合理或下降，这将有利于节约投资、提高投资效益。

2．不断降低社会平均劳动消耗水平

实行建设项目的招标投标能够不断降低社会平均劳动消耗水平，使工程价格得到有效控制。在建筑市场中，不同投标者的个别劳动消耗水平是存在差异的。通过推行招标投标制度，最终是由个别劳动消耗水平最低或接近最低的投标者获胜，这样便实现了生产力资

源的较优配置，也对不同的投标者实行了优胜劣汰。面对激烈竞争的压力，为了自身的生存与发展，每个投标者都必须切实在降低自己个别劳动消耗水平上下功夫，从而逐步、全面地降低社会平均劳动消耗水平，使工程价格更为合理。

3．工程价格更加符合价值基础

实行建设项目的招标投标便于供求双方更好地相互选择，使工程价格更加符合价值基础，进而更好地控制工程造价。由于供求双方各自的出发点不同，存在着利益矛盾，因而单纯地采用"一对一"的选择方式，成功的可能性较小，而采用招投标方式能够为供求双方在较大范围内进行相互选择创造条件，为需求者(如建设单位、业主)与供给者(如勘察设计单位、施工企业)在最佳点上的结合提供了可能。需求者对供给者选择(即建设单位、业主对勘察设计单位和施工单位的选择)的基本出发点是"择优选择"，即选择那些报价较低、工期较短、具有良好业绩和管理水平的供给者，这就为合理控制工程造价奠定了基础。

4．有力地遏制建设领域的腐败

实行建设项目的招标投标有利于规范价格行为，使公开、公平、公正的原则得以贯彻执行。我国招投标活动有特定的机构进行管理，有严格的程序必须遵循，有高素质的专家支持系统、工程技术人员的群体评估与决策，从而能够避免盲目过度竞争和营私舞弊现象的发生，强有力地遏制建筑领域中的腐败现象，使价格形成过程变得更加透明、更为规范。

5．能够减少交易费用

实行建设项目的招标投标能够减少交易费用，节省人力、物力、财力，进而使工程造价有所降低。我国目前从招标、投标、开标、评标直至定标，均在统一的建筑市场中进行，并有较为完善的法律、法规规定，已形成制度化操作。在招投标过程中，若干投标人在同一时间、地点报价竞争，在专家支持系统的评估下，以群体决策方式确定中标者，必然会减少交易过程中的费用，这本身就意味着招标人收益的增加，对工程造价必然产生积极的影响。

建设项目招标投标活动包含的内容十分广泛，具体来说包括建设项目强制招标的范围；建设项目招标的种类与方式；建设项目招标的程序；建设项目招标投标文件的编制；标底编制与审查；投标报价以及开标、评标、定标等。所有这些环节的工作均应按照国家有关法律、法规规定认真执行并落实。

1.3.4　建设工程招投标的一般程序

建设工程招标投标程序是指建设工程活动按照一定的时间、空间运作的顺序、步骤和方式进行。始于发布招标邀请书，终于发出中标通知书，其间大致经历招标、投标、开标、评标、定标几个主要阶段，如图 1-2 所示。

建设工程招标投标程序开始前的准备工作和结束后的其他工作，不属于建设工程招标投标的程序之列，但应纳入整个工作流程之中。如报建登记，是招标前的一项主要工作；签订合同，是招标投标的目的和结果，也是招标工作的一项主要工作，但不是程序。

公开招标流程：含以上流程的所有环节。邀请招标：不含资格预审。议标：不含标底编制、资格预审、勘察现场、投标预备会、标底的报审和评标。

招投标主体包括招标人、投标人、代理机构和行政监管机关。

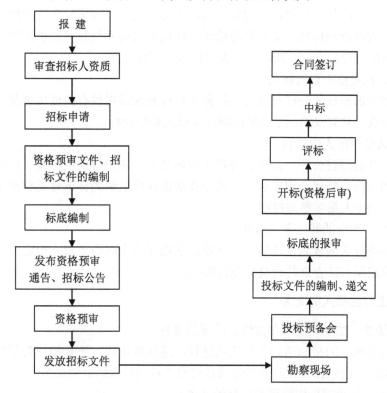

图 1-2　建设工程招标投标工作的一般程序

1.4　建设工程招标人

建设工程招标人是指依法提出招标项目，进行招标的法人或其他组织。通常是该建设工程的投资人，即项目业主或建设单位。招标人在招投标活动中起主导作用。

1.4.1　建设工程招标人的招标资格

建设工程招标人的招标资格是指建设工程招标人能够自己组织招标活动所必须具备的条件和素质。建设工程招标人自行办理招标必须具备两个条件：一是有编制招标文件的能力；二是有组织评标的能力。凡符合上述要求的，招标人应向招标投标管理机构报批备案后组织招标，招标投标管理机构通过报建备案制度审查招标人是否符合条件；招标人不符合上述条件的，不得自行组织招标，只能委托工程建设项目招标代理机构代理组织招标。

1.4.2　建设工程招标人的权利和义务

1. 建设工程招标人的权利

1) 自行组织招标或者委托招标的权利

招标人是工程建设项目的投资责任和利益主体，也是项目的发包人。招标人发包工程项目，凡具备招标资格的，有权自己组织招标，自行办理招标事宜；不具备招标资格的，则委托具备相应资质的招标代理机构代理组织招标，代为办理招标事宜的权利。招标人委托招标代理机构进行招标时，享有自由选择招标代理机构并检验其资质证书的权利，也享有参与整个招标过程的权利，招标人代表有权参加评标组织。

2) 进行投标资格审查的权利

对于要求参加投标的潜在投标人，招标人有权要求其提供有关资质情况的资料，进行资格审查、筛选，并有权拒绝不合格的潜在投标人参加投标。

3) 择优选定中标人的权利

招标的目的是通过公开、公平、公正的市场竞争，确定最优中标人。招标过程其实就是一个优选的过程。择优选定中标人，就是要根据评标组织的评审意见和推荐建议，确定中标人，这是招标人最重要的权利。

4) 享有依法约定的其他各项权利

建设工程招标人的权利依法确定，法律、法规无规定时则依双方约定，但双方的约定不得违反法律或损害社会公共利益和公共秩序。

2. 建设工程招标人的义务

1) 遵守法律、法规、规章和方针、政策的义务

建设工程招标人的招标活动必须依法进行，违法或违规、违章的行为不仅不受法律保护，还要承担相应的法律责任。遵纪守法是建设工程招标人的首要义务。

2) 接受招投标管理机构管理和监督的义务

为了保证建设工程招标投标活动公开、公平、公正，建设工程招标投标活动必须在招标投标管理机构的行政监督管理下进行。

3) 不侵犯投标人合法权益的义务

招标人、投标人是招标投标活动的双方，双方在招标投标中的地位是完全平等的，因此招标人在行使自己的权利时，不得侵犯投标人的合法权益，妨碍投标人公平竞争。

4) 委托代理招标时向代理机构提供招标所需资料、支付委托费用等的义务

招标人委托招标代理机构进行招标时，应承担的义务主要有以下四点。

(1) 招标人对于招标代理机构在委托授权的范围内所办理的招标事务的后果直接负责并承担民事责任。

(2) 招标人应向招标代理机构提供招标所需的有关资料，提供或者补偿办理受托事务所必需的费用。

(3) 招标人应向招标代理机构支付委托费或报酬。支付委托费或报酬的标准和期限，应依照法律规定或合同的约定办理。

(4) 招标人应向招标代理机构赔偿招标代理机构在执行受托任务中非因自身过错所造成的损失。

5) 保密的义务

建设工程招标投标活动应当遵循公开原则，但对可能影响公平竞争的信息，招标人必须保密。招标人设有标底的，标底必须保密。

6) 与中标人签订并履行合同的义务

招标投标的最终结果，是择优确定中标人，与中标人签订并履行合同。

7) 承担依法约定的其他各项义务

在建设工程招标投标过程中，招标人与他人依法约定的义务，也应认真履行。

1.5　建设工程投标人

建设工程投标人是建设工程招投标活动中的另一主体，是指响应招标并购买招标文件参加投标的法人或其他组织。但是，投标人的任何不具备独立法人资格的附属机构(单位)，或者为招标项目进行准备工作及相关工作的任何法人及其附属机构，都没有资格参加该项目的投标。投标人应当具备承担招标项目的能力。参加投标活动必须具备一定的条件，不是所有感兴趣的法人或其他组织都可以参加投标的。

投标人通常应具备的基本条件如下所述。

(1) 必须有与招标文件要求相适应的人力、物力和财力。

(2) 必须有符合招标文件要求的资质证书和相应的工作经验与业绩证明。

(3) 符合法律、法规规定的其他条件。

建设工程投标人主要是指勘察设计单位、施工企业、建筑装饰装修企业、工程材料设备供应(采购)单位、工程总承包单位及咨询、监理单位等。

1.5.1　建设工程投标人的投标资质

建设工程投标人的投标资质(又称投标资格)，是指建设工程投标人参加投标所必须具备的条件和素质，包括资历、业绩、人员素质、管理水平、资金数量、技术力量、技术装备、社会信誉等。

1. 工程勘察设计单位的投标资质

工程勘察设计单位参加建设工程勘察设计招标投标活动，必须持有相应的勘察设计资质证书，并在其资质证书许可的范围内进行。工程勘察设计单位的专业技术人员参加建设工程勘察设计招标投标活动，应持有相应的执业资格证书，并在其执业资格证书许可的范围内进行。

2. 施工企业和项目经理的投标资质

施工企业参加建设工程施工招标投标活动，应当在其资质等级证书许可的范围内进行。施工企业的专业技术人员参加建设工程施工招标投标活动，应持有相应的执业资格证书，并在其执业资格证书许可的范围内进行。

此外，在建设工程项目招标投标活动中，我国实施项目经理岗位责任制。项目经理是一种岗位职务，是受企业法定代表人委托对工程项目全过程全面负责的项目管理者，是企业的法定代表人在工程项目上的代表。因此，要求企业在投标承包工程时，应同时报出承担工程项目管理的项目经理人选，接受招标人的审查和招标投标管理机构的复查。

由于项目经理岗位是保证工程项目建设质量、安全、工期的重要岗位，所以我国对出任项目经理的人员进行资质管理。我国现阶段的项目经理的资质,是两种资质并存:一是在没有实行建造师执业资格制度之前,对工作年限、施工经验和技术职称符合建设部有关规定的施工企业人员,参加有关单位举办的项目经理培训班并经考试合格后,经申请,有关部门颁发相应的项目经理资质证书,取得相应等级资质证书的项目经理在规定的范围内行使担任相应工程施工的项目经理;二是当国家对建设工程项目总承包和施工管理关键岗位的专业技术人员实行建造师执业资格制度之后,就不再举办项目经理资质认证培训和资质认证,即取消建筑施工企业项目经理资质核准,由注册建造师代替,并设立过渡期。

建筑企业项目经理资质管理制度向建造师执业资格制度的过渡期定为五年,即从 2003 年 2 月起至 2008 年 2 月止。过渡期内,原项目经理资质证书继续有效;过渡期满后,项目经理资质证书停止使用。过渡期内,大中型工程项目的项目经理的补充,通过获取建造师执业资格的渠道实现;小型工程项目的项目经理的补充,可由企业依据原项目经理的资质条件考核合格后聘用。过渡期内,凡持有项目经理资质证书或者建造师注册证书的人员,经其所在企业聘用后均可担任工程项目施工的项目经理;过渡期满后,大中型工程项目施工的项目经理必须由取得建造师注册证书的人员担任,但取得建造师注册证书的人员是否担任工程项目施工的项目经理,由企业自主决定。

建造师可分为一级建造师和二级建造师。一级建造师可以担任特级、一级建筑业企业资质的建设工程施工的项目经理;二级建造师可以担任二级及以下建筑业企业资质的建设工程项目施工的项目经理。建造师必须按照规定接受继续教育,更新知识,不断提高业务水平。

3. 建设监理单位的投标资质

建设监理单位参加建设工程监理招标投标活动,必须持有相应的建设监理资质证书,并在其资质证书许可的范围内进行。建设监理单位的专业技术人员参加建设工程监理招标投标活动,应持有相应的执业资格证书,并在其执业资格证书许可的范围内进行。

4. 建设工程材料设备供应单位的投标资质

建设工程材料设备供应单位,包括具有法人资格的建设工程材料设备生产、制造厂家,材料设备公司,设备成套承包公司等。目前,在我国实行资质管理的建设工程材料设备供应单位,主要是混凝土预制构件生产企业、商品混凝土生产企业和机电设备成套供应单位。

混凝土预制构件生产企业、商品混凝土生产企业和机电设备成套供应单位参加招标投标活动,必须持有相应的资质证书,并在其执业资格证书许可的范围内进行。

5. 工程总承包单位的投标资质

工程总承包,又称工程总包,是指业主将一个建设项目的勘察、设计、施工、设备采购等全过程或者其中某一阶段或多个阶段的全部工作,发包给一个总承包商,由该总承包商统一组织实施和协调,对业主负全面责任。工程总承包是相对于工程分承包(又称分包)而言的。工程分承包是指总承包将承包工程中的部分工程发包给具有相应资质的分承包商,分承包商不与业主发生直接经济关系,只对总承包商负责。工程总承包单位的专业技术人员参加建设工程总承包招标投标活动,应持有相应的执业资格证书,并在其执业资格证书许可的范围内进行。

1.5.2　建设工程投标人的权利和义务

1．建设工程投标人的权利

(1) 有权平等地获得和利用招标信息。招标信息是投标决策的基础和前提，投标人不掌握招标信息，就不可能参加投标。投标人掌握的招标信息是否真实、及时、准确、完整，对投标工作具有非常重要的影响。投标人主要是通过招标人发布的招标公告获得招标信息，保证投标人平等地获取招标信息，是招标人和政府主管机构的义务。

(2) 有权按照招标文件的要求自主投标或组成联合体投标。为了更好地把握投标竞争机会，提高中标率，投标人可以根据招标文件的要求和自身的实力，自主决定是独自参加投标竞争还是与其他人组成一个联合体，以一个投标人的身份共同投标。投标人组成投标联合体是一种联营方式，与串通投标是两个性质完全不同的概念。组成联合体投标，联合体各方均应当具备承担招标项目的相应能力和相应资质条件，并按照共同投标协议的约定，就中标项目向招标人承担连带责任。

(3) 有权要求招标人或招标代理机构对招标文件中的有关问题进行答疑。投标人参加投标，必须编制投标文件，而编制投标文件的基本依据，就是招标文件。

(4) 有权确定自己的投标报价。投标人参加投标，是一场重要的市场竞争，投标竞争是投标人自主经营、自负盈亏、自我发展的强大动力。因此，招标投标活动，必须按照市场经济的规律办事。

(5) 有权参与投标竞争或放弃参与竞争。在市场经济条件下，投标人参加投标竞争的机会应当是均等的。对投标人来说，是否参加投标，是不是参加到底，完全是自愿的。任何单位或个人不能强制、胁迫投标人参加投标，更不能强迫或变相强迫投标人陪标，也不能阻止投标人中途放弃投标。

(6) 有权要求优质优价。为了保证工程安全和质量，必须防止和克服只为争得项目中标而不切实际的盲目降级压价现象，实行优质优价，避免投标人之间的恶性竞争。

(7) 有权控告、检举招标过程中的违法、违规行为。投标人和其他利害关系人认为招标投标活动不合法的，有权向招标人提出异议或者依法向有关行政监督部门投诉、检举、控告。

2．建设工程投标人的义务

(1) 遵守国家有关法律、法规、规章和方针、政策。建设工程投标人的投标活动必须依法进行，违法或违规、违章的行为，不仅不受法律保护，还要承担相应的法律责任。

(2) 接受招标投标管理机构的监督管理。为了保证建设工程招标投标活动的公开、公平、公正竞争，建设工程招标投标活动必须在招标投标管理机构的监督管理下进行。

(3) 保证所提供的投标文件的真实性，提供投标保证金或其他形式的担保。投标人提供的投标文件必须真实、可靠，并对此予以保证。让投标人提供投标保证金或其他形式的担保，其目的在于使投标人的保证落到实处，使投标活动保持应有的严肃性，建立和维护招标投标活动的正常秩序。

(4) 按招标人或招标代理人的要求对投标文件的有关问题进行答疑。投标文件是以招标文件为主要依据编制的。对投标文件中不清楚的问题，招标人或招标代理人有权要求投标人予以解释。

(5) 中标后与招标人签订并履行合同。不得转包合同，未经招标人同意不得分包合同。中标的投标人必须亲自履行合同，不得将其中标的工程任务倒手转给他人承包。如需将中标项目的部分非主体、非关键性工程进行分包的，应当在投标文件中载明，并经招标人认可后才能进行分包。

(6) 履行依法约定的其他各项义务。在建设工程招标投标过程中，投标人与招标人、招标代理人等可以在合法的前提下，经过互相协商，约定双方的义务。

1.6 建设工程招标代理机构

建设工程招标代理机构，是指受招标人的委托，代为从事招标组织活动的中介组织。它必须是依法成立，从事招标代理业务并提供相关服务，实行独立核算、自负盈亏，具有法人资格的社会中介组织，如工程招标公司、工程招标(代理)中心、工程咨询公司等。

1.6.1 建设工程招标代理概述

1. 建设工程招标代理的概念

建设工程招标代理，是指建设工程招标人将建设工程招标事务，委托给相应的中介服务机构，由该中介服务机构在招标人委托授权的范围内，以委托的招标人的名义，同他人独立进行建设工程招标投标活动，由此产生的法律效果直接归属于委托的招标人的一种制度。

2. 建设工程招标代理的特征

(1) 工程招标代理人必须以被代理人的名义办理招标事务。

(2) 工程招标代理人具有独立进行意思表示的职能，这样才能使建设工程招标活动得以顺利进行。

(3) 工程招标代理行为应在委托授权的范围内实施。

(4) 工程招标代理行为的法律效果归属于被代理人。

3. 建设工程招标代理机构的资质

建设工程招标代理机构的资质，是指从事招标代理活动应当具备的条件和素质，包括技术力量、专业技能、人员素质、技术装备、服务业绩、社会信誉、组织机构和注册资金等几个方面的要求。招标代理人从事招标代理业务，必须依法取得相应的招标资质等级证书，并在其资质等级证书许可的范围内，开展相应的招标代理业务。我国对工程招标代理机构的条件和资质有专门的规定。

1) 工程招标代理机构应当具备的条件

(1) 是依法设立的中介组织，具有独立的法人资格。

(2) 与行政机关没有行政隶属关系或者其他利益关系。

(3) 有固定的营业场所和开展工程招标代理业务所需的设施及办公条件。

(4) 有健全的组织机构和内部管理的规章制度。

(5) 具备编制招标文件和组织评标的相应专业力量。

(6) 具有可以作为评标委员会成员人选的技术、经济等方面的专家库。

(7) 法律、行政法规规定的其他条件。

2) 工程招标代理机构的资质

工程建设项目招标代理机构的资质由国务院或者省、自治区、直辖市建设行政主管部门认定。工程招标代理机构的代理资质分为甲级、乙级和暂定级。

招标代理机构从事招标的代理业务，必须在其资质等级证书许可的范围内进行。甲级工程招标代理机构可以承担各类工程的招标代理业务；乙级工程招标代理机构只能承担工程总投资 1 亿元人民币以下的工程招标代理业务；暂定级工程招标代理机构只能承担工程总投资 6000 万元人民币以下的工程招标代理业务。

工程招标代理机构均可以跨省、自治区、直辖市承担工程招标代理业务。任何单位和个人不得限制或者排斥工程招标代理机构依法开展工程招标代理业务。代理招标工作主要包括招标咨询、提供招标方案、组织现场勘察、解答或询问工程现场条件、代编招标文件、代编标底、负责答疑、组织开标、进行招标总结等。工程招标代理机构根据招标人的委托可代理上述全部或部分招标工作。

3) 工程招标代理机构的资质管理

从事各类工程建设项目招标代理业务的招标代理机构，其资格由建设行政主管部门认定；从事与工程建设有关的进口机电设备采购招标代理业务的招标代理机构，其资格由商务行政主管部门认定；从事其他招标代理业务的招标代理机构，其资格按现行职责分工，分别由有关行政主管部门认定。

1.6.2　建设工程招标代理机构的权利和义务

1. 工程招标代理机构的权利

(1) 组织和参与招标活动。招标人委托代理人的目的，是让其代替自己办理有关招标事务。组织和参与招标活动，既是代理人的权利，也是代理人的义务。

(2) 依据招标文件要求，审查投标人资质。代理人接受委托后即有权按照招标文件的规定，审查投标人的资质。

(3) 按规定标准收取代理费用。建设工程招标代理人从事招标代理活动，是一种有偿的经济行为，代理人要收取代理费用。代理费用由被代理人与代理人按照有关规定在委托代理合同中协商确定。

(4) 招标人授予的其他权利。

2. 工程招标代理机构的义务

(1) 遵守国家有关法律、法规、规章和方针、政策。工程招标代理机构的代理活动必须依法进行，违法或违规、违章的行为，不仅不受法律保护，还要承担相应的法律责任。

(2) 维护委托的招标人的合法权益。代理人从事代理活动，必须以维护委托的招标人的合法权利和利益为根本出发点和基本的行为准则。

(3) 组织编制、落实招标文件，对在代理过程中提出的技术方案、计算数据、技术经济分析结论等的科学性、正确性负责。

(4) 工程招标代理机构应当在其资格证书的有效期内，妥善保存工程招标代理过程文件和成果文件。工程招标代理机构不得伪造、隐匿工程招标代理过程文件和成果文件。

(5) 接受招标投标管理机构的监督管理和招标行业协会的指导。

(6) 履行依法约定的其他义务。

1.6.3 建设工程招标代理机构在工程招标代理活动中不应有的行为

建设工程招标代理机构在工程招标代理活动中不应有的行为如下所述。

(1) 与所代理招标工程的招投标人有隶属关系、合作经营关系及其他利益关系。

(2) 从事同一工程的招标代理和投标咨询活动。

(3) 超越资格许可范围承担工程招标代理业务。

(4) 明知委托事项违法而进行代理。

(5) 采取行贿、提供回扣或者给予其他不正当利益等手段承接工程招标代理业务。

(6) 未经招标人书面同意，转让工程招标代理业务。

(7) 泄露应当保密的与招标投标活动有关的情况和资料。

(8) 与招标人或者投标人串通，损害国家利益、社会公共利益和他人合法权益。

(9) 对有关行政监督部门依法责令改正的决定拒不执行或者以弄虚造假的方式隐瞒真相。

(10) 擅自修改经招标人同意并加盖了招标人公章的工程招标代理成果文件。

(11) 涂改、倒卖、出租、出借或者以其他形式非法转让工程招标代理资格证书。

(12) 法律、法规和规章禁止的其他行为。

1.7 建设工程招标投标行政监管机关

建设工程招标投标活动涉及国家利益、社会公共利益和公众安全，因而必须对其实行强有力的政府监督和管理。建设工程招标投标活动及其当事人应当接受依法实施的监督管理。

1.7.1 招标投标活动行政监督的监管体制

招标投标活动涉及各行各业的很多部门，我国对招标投标活动的行政监督，是将招标项目划分为行业或产业项目、房屋及市政基础设施项目等，分别由不同的部门实施行政监督，具体分工如下所述。

1) 国家发展改革委员会

国家发展改革委员会指导和协调全国的投标工作，会同有关行政主管部门拟定《招标投标法》配套法规、综合性政策和必须进行招标的项目的具体范围、规模标准，以及不适宜进行招标的项目的批准；指定发布招标公告的报刊、信息网络或其他媒介；负责组织国家重大建设项目稽查特派员，对国家重大建设项目建设过程中的工程招投标进行监督检查。

2) 有关行业或产业行政主管部门

经贸(商务)、水利、交通、铁道、民航、信息产业等行政主管部门，分别对相应的行业和产业项目的招投标过程(包括招标、投标、开标、中标)中发生的泄露保密资料、泄露标底、串通招标、串通投标、歧视排斥投标等违法活动进行监督执法；建设部主要对各类房屋建筑及其附属设施的建造和与其配套的线路、管道、设备的安装项目和市政工程项目的招标标活动进行监督执法；进口机电设备采购项目的招投标活动的监督执法，由外经贸行政主管部门负责。

1.7.2　建设工程招标投标监管机关的主要职责

各级建设行政主管部门作为本行政区域内建设工程招标投标工作的统一归口监督管理部门，其主要职责如下所述。

(1) 从指导全社会的建筑活动、规范整个建筑市场、发展建筑产业的高度，研究制定有关建设工程招标投标的发展战略、规划、行业规范和相关方针、政策、行为规则、标准和监管措施，组织宣传、贯彻有关建设工程招标投标的法律、法规、规章，进行执法检查监督。

(2) 指导、监督、检查和协调本行政区域内建设工程的招标投标活动，总结、交流经验，提供高效率、规范化的服务。

(3) 负责对当事人的招标投标资质、工程投标代理机构的资质和有关专业技术人员的执业资格的监督，开展招标投标管理人员的岗位培训。

(4) 会同有关专业主管部门及其直属单位办理有关专业工程招标投标事宜。

(5) 调解建设工程招标投标纠纷，查处建设工程招标投标中的违法、违规行为，否决违反招标投标规定的定标结果。

1.7.3　建设工程招标投标行政监管机关的设置

建设工程招标投标行政监管机关，是指经政府编制主管部门批准设立的隶属于同级建设行政主管部门的省、市、县建设工程招标投标办公室。

1) 建设工程招标投标行政监管机关的性质

各级建设工程招标投标行政监管机关，从机构设置、人员编制上来看，其性质通常都是代表政府行使行政监管职能的事业单位。建设行政主管部门与建设工程招标投标行政监管机关之间是领导与被领导的关系。省、市、县招标投标监管机关的上级与下级之间有业务上的指导和监督的关系。

2) 建设工程招标投标行政监管机关的职权

建设工程招标投标行政监管机关的职权，概括起来可分为两个方面：一方面是承担具体的建设工程招标投标管理工作的职责；另一方面是在招标投标管理活动中享有可独立以自己的名义行使的管理职权。这些职权包括以下内容。

(1) 办理建设工程项目报建登记。

(2) 审查发放招标组织资质证书、招标代理人及标底编制单位的资质证书。

(3) 接受招标人申报的招标申请书，并对招标工程应当具备的招标条件、招标人的招标资质或招标代理人的招标代理资质、采用的招标方式进行审查认定。

(4) 接受招标人申报的招标文件，对招标文件进行审查认定，对招标人变更后的招标文件进行审批。

(5) 对投标人的投标资质进行复查。

(6) 对标底进行审定。可以直接审定，也可以将标底委托给其他有能力的单位审核后再审定。

(7) 对评标定标办法进行审查认定，对招标投标活动进行全过程监督，对开标、评标、定标活动进行现场监督。

(8) 核发或者与招标人联合发出中标通知书。

(9) 审查合同草案，监督承发包合同的签订和履行。

(10) 调解招标人和投标人在招标投标活动中或履行合同过程中发生的纠纷。

(11) 查处建设工程招标投标的违法行为，依法接受委托实施相应的行政处罚。

1.7.4　国家重大建设项目招投标活动的监督检查

国家重大建设项目是指国家出资融资的，经国家发改委审批或审批后报国务院审批的建设项目。为了加强对国家重大建设项目招标投标活动的监督，保证招标投标活动依法进行，国家发改委根据国务院授权，负责组织国家重大建设项目稽查特派员及其助理对国家重大建设项目的招标投标活动进行监督检查。稽查人员对国家重大建设项目的招标投标活动进行监督检查，可以采取经常性稽查和专项性稽查两种方式。经常性稽查方式是对建设项目所有的招标投标活动进行全程的跟踪和监控；专项性稽查方式是对建设项目招标投标活动实施稽查。

稽查人员在对国家重大建设项目的招标投标活动进行监督检查中应当履行下列职责。

(1) 监督检查招标投标当事人和其他行政监督部门有关招标投标的行为是否符合法律、法规规定的权限、程序。

(2) 监督检查招标投标的有关文件、资料，对其合法性、真实性进行核实。

(3) 监督检查资格预审、开标、评标、定标过程是否合法，以及是否符合招标文件、资格审查文件的规定，并可进行相关的调查核实。

(4) 监督检查招标投标结果的执行情况。

稽查人员对招标投标活动进行监督检查，可以采取下列方式。

(1) 检查项目审批程序、资金拨付等资料和文件。

(2) 检查招标公告、投标邀请书、招标文件、投标文件，核查投标单位的资质等级和资信等情况。

(3) 监督开标、评标，并可以旁听与招标投标事项有关的重要会议。

(4) 向招标人、投标人、招标代理机构、有关行政主管部门、招标公正机构调查了解情况，听取意见。

(5) 审阅招标投标情况报告、合同及其有关文件。

(6) 现场查验，调查、核实招标结果执行情况。

本 章 回 顾

　　本章介绍了建设工程招投标活动的各参与主体的概念，强调了招标人、投标人及招标代理机构参与招标投标活动应具备的条件和权利、义务，国家重大项目的招标投标活动的监督和检查等。

　　介绍了工程承发包的概念、工程承发包业务的形成与发展、工程招投标的产生与发展，讲述了建筑市场的概念、作用、管理体制、建设工程交易中心的功能、运行程序，并重点介绍了建设工程招标投标的概念、分类及各类建设工程招标投标的特点、参与各方应遵循的基本原则、建设工程招投标的一般程序。通过本章学习，应能初步掌握我国建筑市场的运作程序以及建设工程招投标的有关知识，为学习后续内容奠定基础。

练 一 练

一、填空题

　　1. 我国在工程建设中所采取的经营方式有_____和_____两种。

　　2. 委托任务并支付报酬的一方称为_____，接受任务负责保质保量完成任务并取得报酬的一方称为_____。

　　3. 建筑市场有广义和狭义之分：狭义的市场一般指_____，有固定交易场所。广义市场包括_____，包括与工程建设有关的技术、租赁、劳务等各种要素市场。

　　4. 招标投标是在_____条件下进行工程建设、货物买卖、中介服务等经济活动的一种竞争方式和交易方式。其特征是引入_____以求达成交易协议或订立合同。

　　5. 招投标主体包括_____和_____。

　　6. 建设工程投标人是建设工程投标活动中的另一主体，是指响应招标并购买招标文件参加投标的_____。

　　7. 招标人是指依法提出招标项目进行招标的_____。通常是该建设工程的投资人，即项目业主或建设单位。招标人在招投标活动中起_____。

　　8. 建设工程招标代理机构，是指受招标人的委托，代为从事_____的中介组织。它必须是依法成立，从事招标代理业务并提供相关服务，实行独立核算、自负盈亏，具有_____的社会中介组织，如工程招标公司、工程招标(代理)中心、工程咨询公司等。

　　9. 工程建设项目招标代理机构的资质由国务院或者省、自治区、直辖市建设行政主管部门认定。工程招标代理机构的代理资质分为_____和_____。

　　10. 招标人委托代理人的目的，是让其代替自己办理有关_____。

　　11. 代理人受委托后即有权按照招标文件的规定，审查_____。

　　12. 代理人要收取_____，此费用由被代理人与代理人按照有关规定在委托代理合同中协商确定。

　　13. 建设工程招标投标涉及国家利益、社会公共利益和公众安全，因而必须对其实行强有力的_____。

14. 招标投标活动涉及各行各业的很多部门，我国对招标投标活动的行政监督是将招标项目划分为_____、_____等，分别由不同的部门实施行政监督。

15. 建设部主要对各类房屋建筑及其附属设施的建造和与其配套的线路、管道、设备的安装项目和市政工程项目的_____进行监督执法。

16. 各级建设行政主管部门作为本行政区域内_____工作的统一归口监督管理部门。

17. 建设工程招标投标行政监管机关，是指经政府编制主管部门批准设立的隶属于_____的省、市、县建设工程招标投标办公室。

18. 建设行政主管部门与建设工程招标投标行政监管机关之间是_____关系。省、市、县招标投标监管机关的上级对下级之间有业务上的_____关系。

19. 建设工程招标投标行政监管机关的职权，概括起来可分为两方面：一方面是_____职责；另一方面是在招标投标管理活动中_____职权。

20. 稽查人员对国家重大建设项目的招标投标活动进行监督检查可以采取_____和_____方式。

二、选择题

1. 招标单位在评标委员会中的人员不得超过三分之一，其他人员应来自( )。
   A. 参与竞争的投标人　　　　　　B. 招标单位的董事会
   C. 上级行政主管部门　　　　　　D. 省市政府部门提供的专家名册

2. 某工程施工中需要设置护坡桩，此护坡桩的设计任务应由( )承担。
   A. 承包人　　　　　　　　　　　B. 发包人委托设计单位
   C. 监理人　　　　　　　　　　　D. 发包人

3. 招标单位与中标单位签订合同后( )个工作日内，应向所有投标单位退还投标保证金。
   A. 5　　　　　B. 10　　　　　C. 15　　　　　D. 20

4. 如果招标文件在发出后确需要变更和补充的，报经招标投标办事机构批准后，在投标截止日期( )天前应通知所有投标单位。
   A. 7　　　　　B. 5　　　　　C. 10　　　　　D. 15

5. 开标会议应当由( )主持。
   A. 招标人　　　　　　　　　　　B. 投标人代表
   C. 公证人员　　　　　　　　　　D. 建设行政部门的工作人员

6. 建设行政主管部门派出监督招标投标活动的工作人员可以( )。
   A. 参加开标会　　B. 作为评标委员　　C. 主持开标会　　D. 确定中标人

7. 招标人组织编制的招标文件，应报( )审核。
   A. 建设银行　　　　　　　　　　B. 工商行政管理机关
   C. 建设行政管理部门　　　　　　D. 监理工程师

8. ( )可能导致招标失败。
   A. 主管部门未参加开标会议　　　B. 投标企业均为私营
   C. 投标单位数量少于8家　　　　D. 标底有严重漏误

9. 一个施工招标工程，应编制(　　)标底。

　　A. 一个　　　　　　　B. 两个　　　　　　C. 多个　　　　　D. 最多三个

10. 招标投标法规定，应由(　　)监督招标活动是否依法进行。

　　A. 招标人的董事会　　　　　　　　B. 招标代理机构

　　C. 仲裁机构　　　　　　　　　　　D. 建设行政主管部门

三、名词解释

1. 工程承发包
2. 建筑市场
3. 业主
4. 承包商
5. 招标投标
6. 招标资格

四、简答题

1. 建筑产品的特点是什么？
2. 建设工程交易中心的性质与作用是什么？
3. 建设工程招标人的权利是什么？
4. 投标人通常应具备的基本条件有哪些？
5. 建设工程投标人的义务是什么？
6. 建设工程招标代理的特征有哪些？

第 2 章 建设工程施工招标实务

【学习目标】

本章重点介绍建设工程施工招标过程中各项工作的具体实施方法，包括施工招标文件的编制、工程标底的确定等。工程项目施工招标是指业主选择自愿承揽工程建造任务(即建筑产品生产)的承包商的工程采购活动。其标的物是按工程设计文件确定的建筑产品。工程项目施工招标的主要工作有：编制招标文件；资格预审；发售标书、现场考察与标前会议；编制标底；开标、评标；编制评标报告；合同授予。

建设工程项目施工招标在各类建设工程招标中占有十分重要的地位，这是因为工程项目建设的施工是形成建筑实物的过程，资金投入巨大是这一阶段的基本特征。实行招标，优选施工单位，对于节省工程项目投资具有十分重要的意义。

工程施工阶段也是工程质量形成的过程。通过招标，选择施工质量好、社会信誉高的承包商进行施工，是保证工程质量的重要措施。

工程施工阶段的投资占工程项目建设总费用的比例大，工程合同资金额大，工程承包市场竞争激烈。从 20 世纪 70 年代以后，无论是国际建筑市场还是国内建筑市场，都是僧多粥少。规范建筑市场、减少工程承发包中的违法行为，是我国建筑市场建设的重要方面。实践证明，在建筑施工承发包中，采用规范的招标投标是规范建筑市场的重要手段之一。

随着我国加入 WTO，无论是国内建筑承包商参与国际建筑市场竞争，还是国外建筑承包商进入国内建筑市场参与竞争，都从客观上要求我国建筑施工企业应该适应按照国际惯例进行的工程招标投标，同时更要求国内项目建设业主在工程招标投标上按规范化程序进行招标，提高招标效率，进而提高项目建设效果。

【导入案例】

　　某房地产公司计划在北京市昌平区开发 60000m² 的住宅项目，可行性研究报告已经通过国家发改委批准，资金筹集方式为自筹，且尚未完全到位，仅有初步设计图纸，因急于开工，组织销售，决定采用邀请招标的方式，随后向 7 家施工单位发出了投标邀请书。

　　问题：

　　(1) 建设工程施工招标的必备条件有哪些？

　　(2) 本项目在上述条件下是否可以进行工程施工招标？

　　(3) 通常情况下，哪些工程项目适宜采用邀请招标的方式进行招标？

2.1　建设工程招标机构的组建

　　建设工程施工招标是在招标机构的组织下进行的，招标机构的工作水平直接关系到招标的成败。因此，建设工程施工招标准备工作中的首要任务就是精心地组建或选择招标工作机构。按照我国招标投标法的规定，具有编制招标文件和组织评标能力的招标人，可以自行组建招标工作机构，办理招标事宜。否则，只能委托招标代理机构代为办理。

2.1.1　选择施工招标机构人员

　　业主要使项目实施效益高，招标机构全体人员的素质不容忽视，必须要求招标机构的成员具有丰富的实践工作经验及深广的专业技术知识。从招标机构成员的总体来看，所选人员必须具备这样一些基本条件：国际工程必须精通国际通用语言，有较强的文字写作能力；必须熟悉国际、国内工程承包市场材料、劳务的市场行情和国际、国内与施工招标有关的法规、政策；必须具备金融、贸易、财务、法律、工程技术、施工管理等方面的专业知识。如本地区施工管理，造价咨询知名专家和咨询管理公司的人员都可以作为招标工作机构的可选择人员。

2.1.2　精心选定咨询公司协助招标工作

　　我国的招标代理机构刚刚起步，经营管理水平参差不齐。在个别地区许多代理机构甚至是"皮包公司"，业主不能因为顾及人情而将业务委托给它们。这些代理机构虽然代理费少，但由此导致的招标文件及标底编制的不合理，将会给业主带来巨大的经济损失，给项目实施造成极大的偏差。业主应调查拟选代理机构，考证其编制标书的能力。

　　世界银行及一些国际金融机构对其成员国进行发展项目的贷款，特别是土木建设工程项目的贷款时，都明确要求项目的业主必须聘请一家得到世界银行认可的、有工程咨询经验的咨询公司来协助业主进行招标的全部或部分工作。我国在这方面的咨询机构主要是"中国国际工程咨询公司"和"中国国际经济咨询公司"。前者主要承担关于土木工程项目的招标咨询任务，后者则主要承担物资、设备等采购项目的咨询工作。如果我国业主对项目进行国际竞争性招标，一般应该按照国际惯例，在选定招标机构人员的同时，认真聘请一家工程咨询公司来协助自己做好招标工作。

2.1.3 招标工作机构的主要职责

招标工作机构的主要职责是确定工程项目的招标发包范围以及承包方式；选择招标工程拟用的合同类型及相应的价格形式；决定工程的招标形式和方法；安排工程项目的招标日程；发布招标及投标人资格审查消息；编制并发售招标文件；制定工程招标标底；负责投标人资格审查，确定投标人是否合格；组织投标人考察工程现场并答疑；接受并保管投标文件；组织开标；负责评标；进行决标；组织谈判签约。

2.2 施工招标前的重要程序及步骤

承包合同类型、招标形式和方法的选择关系到业主所承担风险的大小，因为合同是转移风险的一种方式，事关业主工程项目的投资效益。招标工作机构办理招标事宜，首先应按照业主方面对招标的总体要求，综合考虑，慎重权衡，维护业主经济利益，为业主确定合同类型及招标形式和方法。

2.2.1 选择合同类型

不同的合同类型及其相应的价格形式会对业主的经济利益产生不同的影响，选择恰当的合同类型是构成业主方面发包策略的重要组成部分，是招标工作机构必须慎重处理好的关键性问题。

合同类型大致可分为三种主要形式，即总价合同、单价合同、成本补偿合同。与这三种合同类型相对应的价格形式分别为固定总价、固定单价、成本加酬金价。住房建设部近期出台了新的相关规定，把合同类型分成三类，即固定总价、固定单价、可调价格。固定总价是合同工期较短且工程合同总价较低的工程，可以采用固定总价合同方式；固定单价是双方在合同中约定综合单价包含的风险范围和风险费用的计算方法，在约定的风险范围内综合单价不再调整，风险范围以外的综合单价的调整方法，应当在合同中约定；可调价格包括可调综合单价和措施费等，双方应在合同中约定综合单价和措施费的调整方法。调整因素包括法律、行政法规和国家有关政策的变化影响合同价款；工程造价管理机构的价格调整；经批准的设计变更；发包人更改经审定批准的施工组织设计(修正错误除外)造成的费用增加；双方约定的其他因素。

各类合同及其相对应的价格形式都有着特定的使用时机，对其进行选择通常必须根据项目发包时所处的设计阶段及设计文件准备的详略情况来决定。国外工程设计阶段的划分与国内的大体相似，一般也分为三个阶段，即概念设计阶段、基本设计阶段、详细设计阶段。概念设计阶段(初步设计阶段)主要是提出项目基本的设计设想，它近似于国内工程的初步设计阶段，该阶段所能提供的设计内容明显的不完整、不准确，因此，合同类型只能是成本补偿合同及与之相应的成本加酬金的价格形式；基本设计阶段(技术设计阶段)是对概念设计的具体化，在此阶段确定详细设计的评价标准，近似于国内工程的技术设计阶段，由于该阶段的设计深度及所提供的设计内容对于工程价格估算工作而言，是处于一种不太明确的中间状态，所以，在基本设计阶段选择合同类型，一般应选择单价合同及与之相应的固定单价的价格形式；详细设计阶段(施工图设计阶段)中提出详细的工程施工图纸，类似于国内工程的施工图设计阶段，该阶段提供的设计内容明确而完整，一般都能满足业主方面较为准确地估算项目总价格的要求。因而，在这一阶段选择合同类型，通常宜选择总价合同及与之相应的固定总价的价格形式。

综上所述，设计内容的明确程度和详尽程度越高，越适合采用总价合同形式；设计内容不太明确时，应采用单价合同形式；当设计内容处于粗略而不完整的状态时，只宜于采用成本补偿合同。总之，招标机构在选择合同类型及其相应的价格形式时，应正确地把握各类合同形式的使用时机，根据招标工程所处的设计阶段及设计内容的深度恰当地确定合同及其价格形式。同时，选择合同类型还要考虑其他条件，如技术经济条件、项目招标内容、方式等重要因素。

2.2.2　选定招标形式

除了必须公开招标的项目，如使用国际金融机构贷款的项目、使用政府资金(包括国家融资或授权、特许融资)的项目、关系社会公共利益和公共安全的基础设施项目及公共事业项目等之外，其他项目的招标工作机构在确定招标形式和方法时，必须综合考虑以下因素：项目的规模及难易程度；设计进度和深度；估算价格、工期长短；资金使用的限度；招标阶段的费用及时间限度；各种招标费用和时间、取得报价的优劣程度；市场行情等。招标工作机构应认真测算、权衡招标形式可能导致的业主方面经济利益的得失，从而慎重选择招标形式和方法。如果技术复杂、专业性强或者有其他特殊要求的，宜选择邀请招标的方式；如果采购规模小，采购费用和采购时间综合考虑不适宜公开招标的，可采用邀请招标的形式；国家法律规定或者国务院规定不适宜公开招标的，可采用邀请招标的方式。

2.2.3　安排项目的招标日程

根据现行法规和国际惯例对招投标工作进行具体的日程安排，包括确定完成招标文件和标底的时间；发布招标公告消息的时间；发售资格预审文件的时间；交送资格预审文件的时间；进行并完成投标人资格预审的时间；发售招标文件的时间；招标文件澄清的时间；开始投标到截止投标的时间；开标的时间；评标到决标的时间；授标的时间；签约的时间。

按照国际惯例不进行资格预审的项目，发布招标公告的时间约在开始招标(发售招标文件)前 14 天(二周)左右；从发售招标文件到投标截止的时间不得少于 45 天，一般约需 90～180 天；投标人提出对招标文件进行澄清的要求，在投标截止前的 30～60 天；开标应在投标截止日期后立即进行，评标到决标一般是在开标结束后的 90～180 天左右。资格预审的项目在发售招标文件前增加 30～60 天的对投标人资格预审时间，与此同时发布招标公告的时间也需相应提前。

根据我国招标投标法的规定，自招标文件开始发出之日至投标人提交投标文件截止之日，最短不得少于 20 天；招标文件澄清的时间应安排在提交投标文件截止时间至少 15 天前；开标应在提交投标文件截止时间的同一时间公开进行；评标应在开标之后立即进行。

2.2.4　标前答疑的注意事项

1. 研究缩短工期的技术措施费

定额工期均统一执行地区标准。业主分析缩短工期时，单项工程定额工期在二年以内的，缩短工期一般建议不超过定额工期的 12%；定额工期在二年以上的，缩短工期建议不超过定额工期的 15%；群体建设工程缩短工期建议应不超过定额工期的 9%。在此范围内缩短工期的增加费(即增加人工降效和夜间施工照明费等)即措施费业主应考虑给予评标优惠，即可以考虑缩短工期在 9%～15% 以内者工程造价(不含设备费，下同)可折价 0.2%；工期缩短 15% 者可折价 0.3%。缩短工期的要求在此范围之外的，由甲乙双方在签订施工合同时协商确定工期措施费。如业主方希望额外缩短更多的工期，一般可留待甲乙双方签订施工合同时，再另行谈判解决。

2. 确定场地狭小增加费

一般规定施工现场面积不得少于工程占地面积的 3 倍，否则即可视为场地狭小，若少得不多可从宽处理。场地狭小增加费可用工程造价的场地狭小增加费系数计算，一般约为 2%～4%。也须视场地狭小幅度及工程造价的大小而定，有时可低于此幅度，闹市区且白天不能运输材料时，还可高于此幅度。

3. 确定包干费问题

对于在一定范围内的零星设计变更洽商，如北京市规定：每个定额子目一次增减直接费的金额在 4000 元左右，为了简化结算手续，只作技术洽商，不作经济变更，而采用包干费的办法一次包干。包干费一般按建安工程费扣除设备费后的百分比计算：民用建筑按 3% 计算，工业建筑按 4%～5% 计算。

4. 确定钢筋用量问题

一般单位工程的钢筋使用定额量与设计图纸的钢筋总用量之差超过 ±3% 时，业主在招标时要说明按定额量进行投标还是按图纸实量投标。考核设计图纸的钢筋用量是否超过 ±3%，是否需要调整都需按图实算，即"抽筋"。招投标代理机构"抽筋"约需增加编制标底(施工企业投标报价同)的三分之一工作量。也可以采用"抽筋"后一次包干的承包方式，一般国内工程先按概算定额含量计算钢筋用量，待竣工结算时由施工企业与建设单位按实调整，但是在公共项目中往往业主会超支。如有条件者，仍不排斥在招标中按调整量计算钢筋用量。过去不采用工程量清单报价投标，现在必须注意该问题。

5. 研究"暂估价"问题

每个工程设备价格，大都按市场价格计算，变化较大。土建工程中也有某些工程做法或材料规格不明确，或采用某种新材料，只能临时暂估。凡此种种，在招标中要以"暂估价"的形式列入标底，待竣工时再据实结算，这对甲乙双方都合适，也便于评标。"暂估价"一般由编制标底的单位确定，再列入招标文件，作为投标人编制投标价的统一依据。"暂估价"应先到市场询价，分析测算后再行确定，力求接近实际，避免偏高偏低，并应注明价格的性质，如"设备价""材料价""工料价"或"设备及安装价(含取费及利税)"等，以利于施工企业报价时的正确使用。

6. 确定"风险系数"问题

对于"三资"工程，北京市规定采用一次包死的承包方式，不同于国内工程执行的"竣工调价系数"和"三材差价"等开口结算方式，因此在北京市实施的项目招标文件要明确交代考虑"风险系数"，预防施工期间工料、机械等涨价可能造成的亏损。"风险系数"可按"建安工程造价×年平均工料等增长系数(%)×施工工期(年)"计算，其中年工料等涨价系数采用平均系数，一般比实际涨价幅度低，实际涨价往往不均衡，出现跳跃式增长，施工工期是按全过程的工期(年)计算的。如有甲方提供的设备、材料，应规定其实际价格与预定价格的出入在±5%以内者，在结算时不作调整，故确定"风险系数"的基数时，应在建安工程造价中扣除甲方供应的设备、材料总价的95%。

7. 确定工程款支付方式

承包方自行采购或甲方将材料指标划交承包方购买材料的，应拨付预付款。建设工程的预付额度一般不超过当年建安工程工作量的30%，工程量大，则可适当降低到20%～25%。工程进度达到65%时，预付款开始抵扣工程款。大量采用预制构件及工期在6个月以内的工程，可适当增加预付款额度，但最高不得超过45%，当工程进度达到50%时，开始抵扣预付款。设备安装工程的预付款额度，一般不得超过当年安装工作量的10%，安装材料用量大的工程，最高可以增加到15%。预付款一般于签订合同后10～15天，开工前7天到位。否则承包人可在发出要求预付的7天后停工。

甲方供应材料的价格按现行国家制度执行，这部分不支付预付款。工程款项支付方式包括：①按月结算。实行上旬末或月中预支、月底结算、竣工后清算的办法。②竣工后一次结算，适用于工期在12个月以内，或承包合同价值在100万元以下的(含100万元)建设项目或单项工程。可以实行每月上旬预支，竣工后一次结算。③已完工工程分段结算，凡有条件的甲乙双方，可以划分不同阶段进行结算。分段的划分标准，经市建委和开户银行同意后办理。

8. 工程做法的补充

设计图纸交代不清楚的工程做法或用料标准，如混凝土强度等级、装修做法、设备选型等，在标底编制中可以通过建设单位提请设计单位予以交底、补充。这些补充内容也是施工企业投标报价的依据，必须在招标时予以补充说明。另外，施工企业场地踏勘后提出要求业主、设计、编标底单位共同解答的问题，要统一解答，以标前答疑纪要加以补充。由此可见，工程做法的补充说明是招标文件中不可缺少的补充，是招标文件的一部分。在合同管理中，当投标书表达不清时是双方协商的基础依据。

9. 招标文件的送审

招标文件虽然是标底编制的依据，但是与标底编制又是交叉作业，相互补充的。通常是招标文件的基本内容(如工程基本条件、招标要求等)确定在先，给编制标底的部分内容提供了依据(如工程地址、地基情况、交通条件、招标范围、建设工期等据以考虑计取其他直接费标准、是否需要护坡桩及降水费用以及技术措施费等)，但招标文件的完善，反过来又有待于标底基本完成时所产生的"暂估价表"和"工程做法答疑的补充说明"等内容的补充，两者相辅相成。因此招标文件的送审可分为两次：第一次先送招标文件的基本内容，作为招投标主管部门登记及初审资料；第二次再送"暂估价表"和"工程做法的补充说明"等内容(第二次补充内容也可在招标文件之后，单独补送)，作为正式送审的招标文件。经审定后的招标文件是工程各项工作的依据。

2.3　确定工程标底与无标底招标

2.3.1　工程标底概述

标底是指由招标单位或委托建设行政主管部门批准的具有编制标底资格和能力的中介代理机构，根据国家(或地方)公布的统一的工程项目划分、统一的计量单位、统一的计算规则以及施工图纸、招标文件，并参照国家规定的技术标准、经济定额所编制的工程价格。工程标底是招标人估算的拟发包工程总价，是招标人评标、决标的参考依据，是招标单位的"绝密"资料，不得以任何方式向任何投标单位及其人员泄露。在评标过程中，为了对投标报价进行评价，特别是在采用标底上下一定幅度内投标报价进行有效报价时，招标单位应当编制工程标底。

招标单位必须在发布招标消息后、开标前确定工程标底。标底实质是一种特殊商品的价格，即业主对未来工程项目的预期价格，它既然是一种商品价格，就必须以其价值为基础来制定。标底中的经济内容是由 C，即该工程产品价值中的转移到产品中已被消耗的生产资料的价值(它包括工程施工过程中所耗费的劳动对象：原料、主要材料、辅助材料、燃料等的价值，还包括施工过程中磨损的劳动手段：施工机械设备、施工工具、施工用房等的价值)；V，即劳动者为自己劳动(必要劳动)所创造的价值(它是指以工资形式支付给劳动者的劳动报酬)；M，即劳动者为社会劳动(剩余劳动)所创造的价值(这部分主要指施工企业的盈利)这三部分构成。标底必须控制在合适的价格水平，过高会造成招标人资金的浪费，过低则难以找到合适的工程承包人，导致项目无法实施。所以在确定标底时，一定要详细地进行大量工程承包市场的行情调查，掌握较多的该地区及条件相近地区同类工程项目的造价资料，经过认真研究与计算，将工程标底的水平控制在低于社会同类工程项目的平均水平之上。

1. 标底的编制原则

1) 与招标文件保持一致的原则

确定标底时，必须依据招标文件(招标文件、招标施工图纸、项目执行的技术标准)组成的商务条款(价格条款、支付条款、维修条款、工期条款)，招标文件组成的技术规范中关于项目划分、施工方法、施工方案、质量标准、材料设备等技术要求，招标文件组成的工程地质、水文、气候、地上情况，进行标底费用的计算，使其符合招标文件。特别强调的是施工图设计交底和施工方案交底，它们是标底编制的基本依据。

2) 与社会必要劳动时间相对应的原则

价值规律要求按社会必要劳动时间确定商品的价值量,社会必要劳动时间对工程产品而言,指的就是在现实正常的施工生产条件下,建筑安装工人平均的劳动熟练程度和平均的劳动强度下建造某项工程所需的劳动耗费。进行建设工程招标发包,最终目的是为了能以恰当的价格将建设工程顺利地付诸实施,保障业主方获得最佳的综合投资效益,过高、过低的建设工程标底都不利于正确的评标决标,会损害业主的经济利益。因而必须按照平均水平的要求,遵循价值规律,根据建筑业的成本和盈利确定建设工程标底的价格,为评标决标提供依据,保障招投标双方的经济利益,使工程项目顺利实施。

3) 与市场实际变化吻合的原则

建设工程标底要适应国家经济形势的发展要求,随行就市,确定标底价格,真实地反映市场行情,这样既有利于保障建设工程标底的合理性,又有利于保障竞争和工程质量。

4) 限额包干控制的原则

建设工程标底应控制在批准的总概算(或修正概算)及投资包干的限额之内。

2. 业主编制标底的方法

1) 概算指标编制工程标底

概算指标是有关部门规定的房屋建筑每百平方米(或每平方米)建筑面积、每座构筑物的工程直接费指标及其主要人工、材料消耗指标。概算指标具有较强的综合程度,因而估算的工程价格也较为粗略,所以一般在招标项目还处于概念设计阶段(初步设计阶段)才使用概算指标来确定工程标底。使用概算指标确定工程标底的步骤如下:编制人员核实项目的设计内容;根据规则,核准工程量;从概算指标手册中选出概算指标;计算工程直接费用;估算其他成本额;初步估算工程标底;调整工程标底。

2) 概算定额和概算单价编制工程标底

概算定额是我国有关单位规定的完成一定计量单位的建筑安装工程的扩大分项工程或扩大结构构件所需的人工、材料、施工机械台班的消耗量标准。概算单价是有关部门依据概算定额编制的反映概算定额实物消耗量的货币指标,即完成扩大分项工程或扩大结构构件所需的人工费、材料费、施工机械使用费。在招标项目处于基本设计阶段(技术设计阶段),项目的技术经济条件还不明确,呈中间状态时,一般宜采用概算定额和概算单价确定招标工程的标底。

3) 预算定额和预算单价编制工程标底

预算定额规定的实物消耗指标的货币表现形式,即分项工程定额直接费,称为预算单价,预算定额和预算单价规定实物指标,直接费用指标的对象规模又较概算定额及概算单价的对象规模要小得多,因此,用预算定额和预算单价确定工程标底的准确性也就相应高得多。若招标项目处于详细设计阶段(施工图设计阶段),设计内容完整,项目的技术经济条件明确详尽时,应多采用此种方法确定工程标底。使用预算定额和预算单价确定工程标底,除了必须依据预算定额划分招标工程中各单位工程的分项工程、计算其工程量和必须套用预算单价计算工程直接费以外,其余步骤及方法与用概算定额确定工程标底的做法基本相同。

上述方法适用于工程业主在国内市场进行工程项目招标时确定工程标底,若进行国际竞争性的公开招标，仍可按照上述几种方法进行标底的编制工作，但国内概算指标中的直接费指标和概算单价及预算单价中所使用的工资单价、各种材料的预算价格、各种施工机械台班使用费等单价指标要进行必要的调整，同时还必须对所使用的国内的相关费率、利税率等也进行调整。只有根据调整、修改后的各种单价指标及相关费率、利税率等计算的工程价格，才能作为国际竞争性公开招标工程项目的标底价格。

3. 标底的编制与审定程序

(1) 确定标底计价内容及计算方法、编制总说明、施工方案或施工组织设计、编制或审查工程量清单、临时设施布置、临时用地表、材料设备清单、补充定额单价、钢筋铁件调整、预算包干、按工程类别的取费标准等。

标底价格由成本、利润、税金等组成，应考虑人工、材料、机械台班等价格变化因素，还应包括不可预见费、预算包干费、措施费(赶工措施费、施工技术措施费)、现场因素费用、保险以及采用固定价格的工程风险金等。计价方法可以选用我国现行规定的工料单价和综合单价两种方法。另外，对于钢筋的定额调整一定要求招标代理机构据实核算，避免标底编制走偏，防止招标代理机构为减少编标过程中的工作量按照定额钢筋用量编制标底。

(2) 确定材料设备市场价。

(3) 采用固定总价或单价的工程，应测算人工、材料、设备、机械台班价格波动风险系数。

(4) 确定施工方案或施工组织设计的计费内容。

(5) 计算标底价格。

(6) 审定标底。标底在投标截止日后、开标前报招标管理机构审查，中小型工程在投标截止日期后 7 天内上报，大型工程在 14 天内上报。未经审查的标底无效。

(7) 当标底价格审定交底采用工料单价计价方法时，其主要的审定内容包括：标底计价内容、预算内容、预算外费用；采用综合单价计价方法时，其主要的审定内容包括：标底计价内容、工程单价组成分析、设备市场供应价格、措施费(赶工措施费、施工技术措施费)、现场因素费用等。

综合单价是采用工程量清单计价的一种形式，是由 2002 年建设部工程造价专家编制的建设工程工程量清单计价规范》(GB 50500—2003)所确定。《建设工程工程量清单计价规范》于 2003 年 2 月 17 日经建设部第 119 号批准颁布，于 2003 年 7 月 1 日实施。

2.3.2　无标底招标

目前，根据《招标投标法》规定，参照国际通行做法，一些政府投资项目、国有事业单位投资项目、国有独资企业投资项目试行无标底招标，取得了明显的效果。无标底招标是国际通行做法，它通过实物工程量清单招标，由业主提供实物工程量，企业自行填报工程量清单进行报价。该办法使我国建设工程招标摆脱了计划经济的计价模式，有利于建立以市场经济为主体的价格体系，符合工程造价量价分离的改革原则，是整顿规范建筑市场的需要。在建筑市场，存在着工程招投标中的腐败现象，如个别施工企业素质低下，不少资金以"好处费"形式从建设项目中外流，造成建设工程项目质量问题不断出现。而无标底招标可以建立公平的竞争环境，体现市场、法律、合同的强大作用，尽量消除权力和关系对招标活动的影响,对工程腐败现象发挥既治标又治本的作用。无标底招标既可以有效地节省投资,又可以达到提高社会效益的目的。因为实行无标底招标可以通过激烈的市场竞争寻求到技术及管理水平高的承包商,使个别成本低于社会平均成本,从而节约工程造价。同时由业主提供实物工程量清单,施工单位自主报价,可以避免投标单位重复计算工程量,减少浪费,减少标底编制及评标成本,提高社会效益。我国加入 WTO 以后,为使国内建筑市场与国际接轨,使建筑企业参与国际竞争,有必要推行无标底招标。

1. 无标底招标的评标方法

无标底招标的评标方法在国内各地尚没有统一,有的采取合理最低价竞标,有的采取成本价评标等。无标底评标是业主不编制标底,开标前根据工程特点制定评标标准,依据投标报价的综合水平确定工程合理造价(评标基准价),并以此作为评判各投标报价的依据。评标基准价可以采用投标报价的算术平均值、加权平均值(根据报价高低赋予不同的权重)或其修正值。开标后按照开标前拟定的计算方法分析投标报价,计算评标基准价。但业主要注意潜在投标人围标的现象,有必要防范潜在投标人投标偏向。上海浦东国际机场建设工程中成功地采用了无标底招标,深圳地铁一期工程也试行了无标底招标。两个项目在确定评标基准价和计分方式上各具特点,代表了无标底评标的基本方法,同时两个项目都采取对投标方案进行技术性评审和经济性评审,但采取不同的评审权数。

如上海浦东国际机场模式:上海浦东国际机场共进行了约 300 项土建工程(单项工程和单位工程,总工期长达 3 年多,涉及金额 50 亿元)的招标,他们的做法是,首先排除投标的异常报价,采取偏离基准报价增减分方法,因此在正常情况下低报价者商务标得分高,由此得出的实施结果是合同价比概算降低了 10%。其具体做法如下所述。

1) 技术标评审

技术标评审主要是针对施工组织设计中技术方案和现场管理措施进行评审。根据工程特点,评标委员会细化评分内容,根据重要程度予以各项内容不同的分值,合计的分值即为技术标得分。

2) 经济标评审

评标基准价采用各投标单位报价的算术平均值。当最高或最低价明显高于或低于次高或次低报价时(偏差比例开标前由业主确定,如 5%~15%),最高或最低报价作为异常标处理,不参与评标基准价的计算。对应基准价的报价获得基准分。报价每偏离基准价 1%扣减或增加一固定分值(如 1 分),报价越低得分越高,一般增减分值不超过 10 分。对于"异常"报价,只计基本分(通常定为小于基准分 10 分以上的某一分值),以降低其中标的概率。报价得分即为经济标得分。

3) 评标结论

根据评标原则确定的经济标及技术标权重及基准分值,计算总分,得分高者为优先中标人。

2. 推行无标底招标可能面临的问题及对策

我国的建筑市场虽已初步具备推行无标底招标的条件,但由于长期受计划经济体制的影响,建筑市场的运行仍然带有计划经济的色彩,因此,采用国际通用的无标底招标可能会面临一系列问题,如受传统思想观念的影响,人们对待一些改革内容,因会牵涉到部门或个人的职能、责任、利益,总不愿主动推行。

国际上采用的无标底招标,工程造价最终由合同价款+索赔额两部分组成,而我国法制还不健全,现行体制、机制及国情,使施工企业索赔很难成功。施工企业不能有效地利用法律手段来保护自己,使其承担的风险加大,建筑市场的竞争日趋白热化。如某市某重点建设工程,建筑面积 34885m²,工程为一类取费,综合费率为 31.5,某公司报价时已按预算价下浮 26 个百分点,但仍比基准价高出了 3.63 个百分点,最低报价比预算价下浮近 33 个百分点,比直接费还低,中标报价仅是直接费。施工企业的这种跳楼价做法是形势所逼,同时也存在着侥幸心理,想通过工程变更或决算时与业主协议,挽回损失。无标底招标降低了投标工程的利润,投标者抵抗风险能力减弱,容易造成工程项目的实施失败,而我国在这方面缺乏必要的法律、法规,在工程项目的实施上也缺乏守信的激励措施和失信的惩罚机制。

为了保障无标底招标制度的顺利推行,政府主管部门必须更新观念、转变管理职能,建立与国际惯例接轨的服务机制和建筑市场管理体系,制定和完善配套的法律法规。首先需要调整法律、法规的条款;其次需要建立工程担保法和工程保险制度,做好市场监管立法,通过推行投标保函、履约保函、招标人付款保函等工程担保和工程保险制度,将有关费用列入报价,实现风险转移;同时应培育完整的社会信用机制,无标底招标必须实行工程量清单报价,使承包商能够独立估价,为此,行业协会应在现行的全国统一基础定额的基础上结合国际惯例制定工程量计算规则,合理确定商务标与技术标综合评标过程中的权重,防止人为暗箱操作。评标采用最低报价法时,最低报价者中标的可能性较大。为防止有意压价,恶意竞争,防止漏项或报价误差引起的工程纠纷,应建立中标评审制度,由评标小组对综合得分最高的报价进行复核。

2.4　施工招标的资格预审

资格预审指招标人对投标人在施工经验、人员、施工机械、财务能力及社会信誉五方面在投标前进行的综合评价。合格者可以参与竞标,不合格者则被淘汰出局。

2.4.1　施工招标资格预审程序

工程项目施工招标资格预审程序如下所述。

(1) 招标人编制资格预审文件。

(2) 发布资格预审通告或包括资格预审要求的招标公告。

(3) 发送出售资格预审文件。

(4) 投标人编写递交资格预审申请书。

(5) 招标人对投标申请人进行资格评审。

(6) 编制资格预审评审报告,报主管部门审定。

(7) 向合格投标申请人发出资格预审合格通知书。

2.4.2　资格评审的要求

在获得招标信息后，有意向参加投标的单位应根据资格预审通告或招标公告的要求携带有关证明材料到指定地点报名，接受资格预审。资格评审应主要审查潜在投标人或者投标人是否符合下列条件。

1. 资格审查应符合的条件

(1) 具有独立订立合同的权利。

(2) 具有履行合同的能力。

(3) 未处于责令停业、取消资格、财产接管、破产冻结的状态。

(4) 最近三年无骗取中标等严重违约问题。

报名和资格预审可以同时进行，也可以分开进行。招标人等不能以资格审查的不合理的条件排斥潜在投标人，对投标人实行歧视待遇，或以行政手段等限制投标人的数量。招标人不得改变载明的资格条件或者以没有载明的资格条件对潜在投标人或者投标人进行资格审查。经资格预审后，招标人应向合格的投标人发出资格预审合格通知书，告知获取招标文件的时间、地点和方法，同时向不合格的投标人告知预审结果。合格投标人名单一般要报招标投标管理机构复查。对投标人的资格审查也有采用资格后审和二次审查的。后审就是招标人待开标时再对投标人的资格进行审查，经审查合格的方准进入评标，经后审不合格的投标应作为废标处理，资格后审由参加开标的公证机构会同招标投标管理机构进行。有的地区对投标人的资格审查采用二次审查，即报名时资格预审，开标时资格后审，也称复审。

2. 资格审查法定证明文件和资料

一般要求投标人应向招标人提交以下法定证明文件和相关资料。

(1) 营业执照、资质证书和法人代表资格证。

(2) 近 3 年完成工程的业绩。

(3) 正在实施的项目。

(4) 履约的能力。

(5) 受奖励的资料。

两个以上法人或者其他组织可以组成一个联合体，以一个投标人的身份共同投标。但不允许施工企业对一个投标项目重复投标。联合体的成员均须提交与单独参加资格预审的单位要求一样的全套文件。

2.4.3　资格预审文件编制

资格预审文件包括资格预审通告、资格预审申请人须知、资格预审申请书及附表、资格预审合格通知书共四部分。资格预审通告内容不再赘述。

1. 投标申请人资格预审须知

(1) 资质要求：具备建设行政主管部门核发的建筑业企业资质类别(资质等级)和承担招

标工程项目能力的施工企业或联合体均可申请资格预审。

(2) 投标申请人必备条件：投标人填写回答资格预审申请书及附表中的问题；提交澄清或补充有关资格预审资料；投标申请人的法定代表人或授权委托代理人签字，并附有法定代表人的授权书。

(3) 资格预审评审标准(见表 2-1、表 2-2)：表中反映的投标申请人的合同工程营业收入、净资产和在建工程未完部分合同金额，供招标人对投标申请人的财务能力进行评价。投标申请人必须满足必要合格条件标准(表 2-1)和一定比例的附加合格条件标准(表 2-2)，才能通过资格预审。

表 2-1　资格预审必要合格条件标准

序　号	项目内容	合格条件	投标申请人具备的条件或说明
1	有效营业执照		
2	资质等级证书	工程施工_____承包级以上或同等资质等级	
3	财务状况	开户银行资信证明和符合要求的财务报表，AAA 级资信评估证书	
4	流动资金	有合同总价_____%以上的流动资金可投入本工程	
5	固定资产	不少于(币种，金额，单位)_____万元人民币	
6	净资产总值	不小于在建工程未完合同额与本工程合同总价之和的_____%	
7	履约情况	有无因投标申请人违约或不恰当履约引起的合同中止、纠纷、争议、仲裁和诉讼记录	
8	分包情况	符合《中华人民共和国建筑法》和《中华人民共和国招投标法》的规定	
9			
10			
11			
12			

表 2-2　资格预审附加合格标准

序　号	附加合格条件项目	附加合格条件内容	投标申请人具备的条件或说明

(4) 联合体资格预审文件须知：联合体每一成员均须提交符合要求的全套资格预审文件，并经联合体各方法定代表人或其授权委托代理人签字和法人盖章。联合体各方均应当具备承担招标项目的相应能力；国家有关规定或者招标文件对投标人资格条件有规定的，联合体各方均应当具备规定的相应资格条件。由同一专业的单位组成的联合体，按照资质等级较低的单位确定资质等级。联合体需提交共同投标协议，明确约定各方拟承担的工作和责任，并约定一方为联合体的主办人；资格预审合格后，联合体的变化，须在投标截止

之前，并经招标人书面同意。但是，不允许有下列变化。

① 严重影响或削弱联合体的整体实力。

② 有未通过或者未参加资格预审的新成员。

③ 联合体的资格条件已不能达到预审的合格标准。

④ 以联合体名义通过资格预审的成员，不得另行加入其他联合体就本工程进行投标。

(5) 为分包本工程项目而参加资格预审通过的施工企业，其合格分包人身份或分包工程范围改变时，须获得招标人书面批准，否则，其资格预审结果将自动失效。

(6) 资格预审申请书及有关资料密封后需于规定时间送达指定的地点，迟到的申请书将被拒收。

(7) 只有资格预审合格的投标申请人才能参加本招标工程项目的投标。每个合格投标申请人只能参加一个或多个标段的一次性投标，否则，投标申请人的所有投标均将被拒绝。

(8) 招标人的其他权利和义务。

① 招标人可以修改投标工程项目的规模和总金额，投标申请人只有达到修改后的资格预审合格条件，才能参与该工程的投标。

② 如果资格预审合格的投标申请人数量过多时，招标人将按照有关规定从中选出部分投标申请人参与投标。

③ 招标人可根据工程的具体情况确定《资格预审附加合格条件标准》的内容。招标人可就下列方面设立附加合格条件：对本工程项目所需的特别措施或工艺专长；专业工程施工资质；环境保护要求；同类工程施工经历；项目经理资格要求；安全文明施工要求。

④ 招标人应以书面形式通知投标申请人资格预审结果，对于收到合同通知书的投标申请人应以书面形式予以确认。

⑤ 招标人应将招标工程项目的情况，如项目位置、地质、地貌、水文和气候条件、交通、电力供应、土建工程、安装工程、标段划分及标段的初步工程量清单、建设工期以及设计标准、规范等随投标申请人资格预审须知同时发布。

2. 投标申请人资格预审申请书及附表

1) 资格预审申请书(见表2-3)

表2-3　资格预审申请书

致：(招标人名称)

经授权作为代表，并以(投标申请人名称)的名义，在充分理解《投标申请人资格预审须知》的基础上，本申请书签字人在此以(招标工程项目名称)下列标段投标申请人的身份，向你方提出资格预审申请：

项目名称	标段号

本申请书附有下列内容的正本文件的复印件：

投标申请人的法人营业执照；

投标申请人的(施工资质等级)证书。

按资格预审文件的要求，你方授权代表可调查、审核我方提交的与本申请书相关的声明、文件和资料，并通过我方的开户银行和客户澄清申请文件，查询有关财务和技术方面的问题。本申请书还将授权给有关的任何个人或机构及其授权代表，按你方的要求，提供必要的相关资料，以核实本申请书中提交的或与本申请人的资金来源、经验和能力有关的声明和资料。

你方授权代表可通过下列人员得到进一步的资料：

一般质询和管理方面的质询

联系人：　　　　　　　　　　　　电话：

联系人：　　　　　　　　　　　　电话：

本申请充分理解下列情况：

资格预审合格的申请人的投标，须以投标时提供的资格预审申请书主要内容的更新为准；

你方保留更改本招标项目的规模和金额的权利。

前述情况发生时，投标仅面向资格预审合格且能满足变更后要求的投标申请人。

如为联合体投标，随本申请，我们提供联合体各方的详细情况，包括资金投入(及其他资源投入)和赢利(亏损)协议。我们还将说明各方在每个合同价中以百分比形式表示的财务方面以及合同履行方面的责任。

我们确认如果我方投标，则我方的投标文件和与之相应的合同将：

得到签署，从而使联合体各方共同地和分别地受到法律约束；

随同提交一份联合体协议，该协议将规定，如果我方被授予合同，联合体各方共同的和分别的责任。

下述签字人在此声明：此资料在各方面都是完整、真实和准确的。

签名：	签名：
姓名：	姓名：
兹代表(申请或联合体主办人)	兹代表(申请或联合体主办人)
申请人或联合体主办人盖章	联合体成员盖章
签字日期	签字日期

注：① 联合体的资格预审申请，联合体各方应分别提交申请书要求的文件；

② 联合体各方应按本申请书的规定分别单独据表提供相关资料；

③ 非联合体的申请人无须填写本申请书有关部分；

④ 联合体的主办人必须明确，联合体各方均应在资格预审申请书上签字并加盖公章。

2) 投标申请人一般情况(见表 2-4)

表 2-4　投标申请人一般情况

1	企业名称	
2	总部地址	
3	当地代表处地址	
4	电话	联系人
5	传真	电子邮箱
6	注册地	注册年份(注册营业执照复印件)
7	公司资质等级证书号(请附有关证书的复印件)	
8	公司_____ (是否通过，何种)质量保证体系认证(如通过请附相关证书复印件，并提供认证机构年审监督报告)	

续表

9	主营范围 1、 2、 3、 4、	
10	作为总承包方经历年数	
11	作为分包商经历年数	
12	其他需要说明情况	

注：① 独立投标申请人或联合体各方均需填写此表；

② 投标申请人拟分包部分工程，专业分包人或劳务分包人也需填写此表。

3) 近三年工程营业额数据表(见表2-5)

表2-5 近三年工程营业额数据表

投标申请人或联合体成员名称：＿＿＿＿＿

近三年工程营业额数据表

财务年度	营业额(单位)	备注
第一年(应明确公元纪年)		
第二年(应明确公元纪年)		
第三年(应明确公元纪年)		

注：① 本表内容将通过投标申请人提供的财务报表进行审核；

② 所填的年营业额为投标申请人(或联合体各方)每年从各招标人那里得到的已完工程施工收入总额；

③ 所有独立投标申请人或联合体各成员均需填写此表。

4) 近三年已完工程及目前在建工程一览表(见表2-6)

表2-6 近三年已完工程及目前在建工程一览表

投标申请人或联合体成员名称：＿＿＿＿＿

序 号	工程名称	监理(咨询)单位	合同金额(万元)	竣工质量标准	竣工日期
1					
2					
3					
……					

注：① 对于已完工程，投标申请人或每个联合体成员都应提供收到的中标通知书或双方签订的承包合同或已签发的最终竣工证书；

② 申请人应列出近三年所有已完工程情况(包括总包工程和分包工程)，如有隐瞒，一经查实将导致其投标申请被拒绝；

③ 在建工程投标申请人必须附上工程的合同协议书复印件，不填"竣工质量标准"和"竣工日期"两栏。

5) 财务状况表(见表2-7)

表 2-7　财务状况表

① 开户银行情况

开户银行	名称:		
	地址:		
	电话:	联系人及职务	
	传真:	电传:	

② 近三年每年的资产负债情况

财务状况(单位)	近三年(应分别明确公元纪年)		
	第一年	第二年	第三年
1. 总资产			
2. 流动资产			
3. 总负债			
4. 流动负债			
5. 税前利润			
6. 税后利润			

注: 投标申请人请附最近三年经过审计的财务报表,包括资产负债表、损益表和现金流量表,每个投标申请人或联合体成员都要填写此表。

6) 联合体情况(见表2-8)

表 2-8　联合体情况

成员成分	各方名称
1	
2	
3	

注: 表后需附联合体共同投标协议,如果投标申请人认为该协议不能被接受,则该投标申请人将不能通过资格预审。

7) 类似工程经验(见表2-9)

表 2-9　类似工程经验

投标申请人或联合体成员名称:_____

1	合同号	
	合同名称	
	工程地址	
2	发包方名称	
3	发包方地址(请详细说明发包方联系电话及联系人)	
4	与投标申请人所申请的合同类似的工程性质和特点(详细说明所承担的工程合同内容,如长度、高度、桩基工程、基层\底基层工程、土方、石方、地下挖方、混凝土浇筑的年完成量等)	

5	合同身份(注明其中之一) □独立承包方　　□分包人　　□联合体成员
6	合同总价
7	合同授予时间
8	完工时间
9	合同工期
10	其他要求(如施工经验、技术措施、安全措施等)

注：① 类似现场条件下的施工经验，要求申请人填写已完或在建类似工程施工经验；

② 每个类似工程合同须单独列表，并附中标通知书或合同协议书或工程竣工验收证明，无相关
证明的工程在评审时将不予确认。

8) 公司人员及拟派往本招标工程项目的人员情况(见表 2-10)

表 2-10　公司人员及拟派往本招标工程项目的人员情况

投标申请人或联合体成员名称：＿＿＿＿＿＿＿＿＿

1. 公司人员

数量　人员类别	管理人员	工人		其他
		总数	其中技术人员	
总数				
拟为本工程提供人员 总数				

2. 拟派往本招标工程项目的管理人员和技术人员

经历	从事本专业工作时间		
人员类别　数量	10 年以上	5~10 年	5 年以下
管理人员(如下所列)			
项目经理			
……			
技术人员(如下所列)			
质检人员			
道路人员			
安全人员			
试验人员			
机械人员			
……			

注：表内列举的管理人员、技术人员可随项目类型的不同而变化。

9) 拟派往本招标工程项目负责人与主要技术人员(见表 2-11)

表 2-11　拟派往本招标工程项目负责人与主要技术人员

1	职位名称
	主要候选人姓名
	替补候选人姓名

续表

	职位名称	
2	主要候选人姓名	
	替补候选人姓名	
	职位名称	
3	主要候选人姓名	
	替补候选人姓名	
	职位名称	
4	主要候选人姓名	
	替补候选人姓名	

10) 拟派往本招标工程项目负责人与项目技术负责人简历(见表 2-12)

表 2-12　拟派往本招标工程项目负责人与项目技术负责人简历

投标申请人或联合体成员名称：_____

职称		候选人 □主要□替补	
候选人资料	候选人姓名	出生年月 年　月	
	执业或职业资格		
	学历	职称	
	职务	工作年限	
自	至	公司/项目/职务/有关技术及管理经验	
年　月	年　月		
年　月	年　月		
年　月	年　月		
年　月	年　月		

注：① 提供主要候选人的专业经验，特别须注明其在技术及管理方面与本工程相类似的特殊经验。

　② 投标申请人须提供拟派往本招标工程的项目负责人与项目负责的候选人的技术职称或等级证书复印件。

11) 拟用于本招标工程项目的主要施工设备情况(见表 2-13)

表 2-13　拟用于本招标工程项目的主要施工设备情况

投标申请人或联合体成员名称：_____

设备名称		
设备资料	1. 制造商名称	2. 型号及额定功率
	3. 生产能力	4. 制造年代
目前状况	5. 目前位置	
	6. 目前及未来工程拟参与情况详述	
来源	7. 注明设备来源 □自有　□购买　□租赁　□专门生产	

续表

所有者	8. 所有者名称	
	9. 所有者地址	
	电话：	联系人及职务：
	传真：	电传：
协议	特为本项目所签的购买 / 租赁 / 制造协议详述	

注：① 投标申请人应就其提供的每一项设备分别单独具表，且应就关键设备出具所有权证明或租赁协议或购买协议，没有上述证明材料的设备在评审时将不予考虑。

② 若设备为投标申请人或联合体成员自有，则无须填写所有者、协议两栏。

12) 拟用现场主要管理人员情况(见表 2-14)

表 2-14　拟用现场主要管理人员情况表

姓 名	性 别	年 龄	职 称	专 业	资格证书编号	拟在本项目中担任的工作或岗位

13) 拟分包企业情况(见表 2-15)

14) 其他资料

其他资料如下所述。

(1) 在近三年已完和目前在建工程合同履行的过程中，投标申请人所介入的诉讼或仲裁情况。请分别说明事件年限、发包方名称、诉讼原因、纠纷事件、纠纷所涉及金额，以及最终裁判是否有利于投标申请人。

(2) 在近三年中所有发包方对投标申请人所施工的类似工程的评价意见。

(3) 与资格预审申请书评审有关的其他资料。投标申请人不应在其资格预审申请书中附有宣传性材料，这些材料在资格评审时将不予考虑。

表 2-15　拟分包企业情况表

(工程项目名称)_____

名　称				
地　址				
拟分包工程				
分包理由				
近三年已完成的类似工程				
工程名称	地点	总包单位	分包范围	履约情况

注：每个拟分包企业应分别填写本表。

3. 投标申请人资格预审合格通知书

投标申请人资格预审合格通知书

致：(预审合格的投标申请人名称)

鉴于你方参加了我方组织的招标工程项目编号为____的____(招标工程名称)——工程施工投标资格预审，经我方审定，资格预审合格。现通知你方作为资格预审合格的投标人就上述工程施工进行密封投标，并将其他有关事宜告知如下：

1. 凭本通知书于___年___月___日至___年___月___日，每天上午___时___分至___时___分，下午___时___分至___时___分(公休日、节假日除外)到____(地点和单位名称)购买招标文件，招标文件每套售价为____(币种，金额，单位)，无论是否中标，该费用将不予退还。另需交纳图纸押金____(币种，金额，单位)，当投标人退回图纸时，该押金将同时退还给投标人(不计利息)。上述资料如需邮寄，可以书面形式通知招标人，并另加邮费每套____(币种，金额，单位)，招标人在收到邮购款____日内，以快递方式向投标人寄送上述资料。

2. 收到本通知书后____日内，请以书面形式予以确认。如果你方不准备参加本次投标，请于____年___月___日前通知我方。

招标人：_____(盖章)

办公地址：_____

邮政编码：_____　联系电话：_____

传　真：_____　联系人：_____

招标代理机构：_____

办公地址：_____

邮政编码：_____　联系电话：_____

传　真：_____　联系人：_____

日期：____年___月___日

2.5 施工招标文件的编制

2.5.1 施工招标文件的组成及编制原则

1. 施工招标文件的组成

近年来,我国的工程招标工作逐步走向规范化,在招标文件编制过程中,有的部委提供了指导性的招标文件范本,为规范招标工作起到了积极的作用。建设部在 1996 年 12 月发布了《工程建设施工招标文件范本》,2003 年 1 月 1 日《房屋建筑和市政基础设施工程施工招标文件范本》正式实施。工程施工招标文件规定了选择承包商的方法和原则,根据招标文件完成的投标文件将成为施工承包合同条件的有机组成部分。为了使招标规范、公正、公开、公平,使工程施工管理得以顺利进行,招标文件必须表明:业主选择承包商的原则和程序;如何投标;建设背景和环境;项目技术经济特点;业主对项目在进度、质量等方面的要求;工程管理方式等。归纳起来包括商务、技术、经济、合同等方面。在招标中,业主的主要目的是选择满意的承包商,而选择承包商的程序,主要通过资格预审和评标两阶段完成。因此,招标文件范本包括五大部分:招标公告、投标邀请书、投标申请人资格预审文件、招标文件、中标通知书。一般的土木工程施工招标文件由以下十章组成:第一章投标须知前附表及投标须知;第二章合同条款;第三章合同文件格式;第四章工程建设标准;第五章图纸;第六章工程量清单;第七章部分投标函件格式;第八章投标文件商务部分格式;第九章投标文件技术部分格式;第十章资格审查申请书格式。

2. 施工招标文件编制原则

招标文件的编制必须系统、完整、准确、明了,即目标明确,使投标人一目了然。编制招标文件的原则如下所述。

(1) 业主、招标代理机构及建设项目应具备的招标条件。

我国对公开招标的建设单位、招标中介机构拟招标的工程项目都有严格规定和明确要求。这些规定和要求在其他单元中已经阐述。

(2) 必须遵守国家的法律、法规及贷款组织的要求。

招标文件是中标者签订合同的基础,也是进行施工进度控制、质量控制、成本控制及合同管理等的基本依据。按合同法规定,凡违反法律、法规和国家有关规定的合同均属无效合同。因此,招标文件必须遵守合同法、招标投标法等有关法律法规。如果建设项目是贷款项目,必须按照该组织的各种规定和审批程序来编制招标文件。

(3) 公正处理业主和承包商的关系,保护双方的利益。

在招标文件中过多地将业主风险转移给承包商一方,势必使承包商风险费加大,提高投标报价,最终反而是业主方增加支出。

(4) 详尽地反映项目的客观和真实情况。

只有客观的招标文件才能使投标人的投标建立在可靠的基础上,减少签约和履约过程中的争议。

(5) 招标文件的内容要力求统一，避免文件之间产生矛盾。

招标文件涉及投标人须知、合同条件、技术规范、工程量清单等多项内容，当项目规模较大、技术构成复杂、合同段较多时，编制招标文件应重视内容的统一性。如果各部分之间矛盾较多，就会给投标工作和履行合同的过程带来争端，影响工程施工，造成经济损失。

(6) 招标文件的用词应准确、简洁、明了。

招标文件是投标文件的编制依据，投标文件是工程承包合同的组成部分，客观上要求在编写中必须使用规范用语、本专业术语，做到用词准确、简洁、明了，避免歧义。

(7) 尽量采用行业招标范本格式或其他贷款组织要求的范本格式编制招标文件。

2.5.2 施工招标文件的编制

1. 投标须知前附表及投标须知

1) 投标须知前附表

投标须知中首先应列出前附表，将项目招标的主要内容列在表中，便于投标人了解招标的基本情况，详见表 2-16。

表 2-16 投标须知及投标须知前附表

项 号	条款号	内 容	说明与要求
1	1.1	工程名称	
2	1.1	建设地点	
3	1.1	建设规模	
4	1.1	承包方式	
5	1.1	质量标准	
6	2.1	招标范围	
7	2.2	工期要求	____年____月____日计划开工，____年____月____日计划竣工，施工总工期：____日历天
8	3.1	资金来源	
9	4.1	投标人资质等级要求	
10	4.2	资格审查方式	
11	13.1	工程报价方式	
12	15.1	投标有效期	为：____日历天(从投标截止之日算起)
13	16.1	投标人担保	不少于投标总价的____%或____(币种、金额、单位)
14	5.1	踏勘现场	集合时间：____年____月____日____时____分 集合地点：____
15	17.1	投标人的替代方案	
16	18.1	投标文件份数	一份正本，一份副本
17	21.1	投标文件提交地点及截止时间	收件人： 时间：____年____月____日____时____分
18	25.1	开 标	开始时间：____年____月____日____时____分 地 点：

续表

项　号	条款号	内　容	说明与要求
19	33.4	评标方法及标准	
20	38.3	履约担保金额	投标人提供的履约担保金额为(合同价款的____%或____ (币种、金额、单位) 投标人提供的支付担保金额为(合同价款的____%或____ (币种、金额、单位)

注：招标人根据需要填写"说明与要求"的具体内容，对相应的栏竖向可根据需要扩展。

2) 投标须知

投标须知是指导投标人进行报价的依据，规定了编制投标文件和投标的方式、方法。招标文件范本关于投标须知内容规定有七个部分：①总则；②招标文件；③投标文件的编制；④投标文件的提交；⑤开标；⑥评标；⑦合同的授予。

(1) 总则。

① 工程说明：见表2-16第1~5项。

② 招标范围及工期：见表2-16第6~7项。

③ 资金来源：见表2-16第8项。

④ 合格的投标人：见表2-16第9~10项。

⑤ 踏勘现场：见表2-16第14项。

⑥ 投标费用：由投标人承担。

(2) 招标文件。

招标文件组成，共十章(略)。

① 招标文件澄清：投标人提出的疑问和招标人自行的澄清，应规定什么时间以书面形式说明，并向各投标人发送。投标人收到后以书面形式确认。澄清是招标文件的组成部分。

② 招标文件的修改：指招标人对招标文件的修改。修改的内容应以书面形式发送至每一投标人；修改的内容为招标文件的组成部分；修改的时间应在招标文件中明确。

(3) 对投标文件编制的要求。

① 投标文件的语言及度量衡单位。招标文件应规定投标文件适用何种语言；国内项目投标文件使用中华人民共和国法定的计量单位。

② 投标文件的组成说明：投标文件由投标函、商务和技术三部分组成。采用资格后审形式的还包括资格审查文件。

投标资信文件(也称投标函部分)主要包括：法定代表人身份证明书、投标文件签署授权委托书、投标函、投标函附录、投标担保银行保函、投标担保书以及其他投标资料。

商务部分可分两种情况：采用综合单价形式的，包括投标报价说明、投标报价汇总表、主要材料清单报价表、设备清单报价表、工程量清单报价表、措施项目报价表、其他项目报价表、工程量清单项目价格计算表、投标报价需要的其他资料；采用工料单价形式的，包括投标报价的要求、投标报价汇总表、主要材料清单报价表、设备清单报价表、分部工程工料价格计算表、分部工程费用计算表、投标报价需要的其他资料。即a.投标文件格式；b.投标报价，见表2-16第11项规定；c.投标报价货币，应规定何种货币种类；d.投标有效期，见表2-16第12项规定。

技术部分主要包括下列内容：a.施工组织设计或施工方案(含各分部分项工程的主要施工方法、主要施工机械设备及进场计划、劳动力安排计划、确保工程质量的技术组织措施、确保安全生产的技术组织措施、确保文明施工的技术组织措施、确保工期的技术组织措施、施工总平面图等)；b.项目管理机构配备(含项目管理机构配备情况表、项目经理简历表、项目技术负责人简历表、拟分包项目名称和分包人情况等)；c.资格预审更新资料或资格审查申请书(资格后审时)。

③ 投标担保。投标人提交投标文件的同时，按照表 2-16 第 13 项规定应提交投标担保。国内投标担保的形式有银行保函和投标保证金两种。银行保函指由在中国境内注册并经招标人认可的银行出具，其格式由担保银行提供，其有效期不应超过招标文件规定的投标有效期；七部委《工程建设项目施工招标投标办法》规定：投标保证金有银行汇票、支票和现金及在中国注册的银行出具的银行保函，一般项目施工投标保证金不得超过投标总价的2%，但最高不得超过 80 万元人民币。《房屋建筑和基础设施工程施工招标投标管理办法》规定：房屋建筑和基础设施工程施工投标保证金一般不得超过投标总价的 2%，最高不得超过 50 万元。投标保证金是投标文件的一个组成部分，未中标的投标单位的投标保证金，招标单位退还时间最迟不得超过投标有效期期满后的 14 天。

④ 投标人的备选方案。如果表 2-16 第 15 项中允许投标人提交备选方案，投标人除提交正式投标文件外，还可提交备选方案。备选方案应包括设计计算书、技术规范、单价分析表、替代方案报价书、所建议的施工方案等资料。

⑤ 投标文件的份数和签署。见表 2-16 第 16 项所列。

(4) 投标文件的提交。

包括：①投标文件的装订、密封和标记；②投标文件的提交，见表 2-16 第 17 项规定；③投标文件提交的截止时间，见表 2-16 第 17 项规定；④迟交的投标文件，将被拒绝投标并退回给投标人；⑤投标文件的补充、修改与撤回；⑥资格预审申请书材料的更新。

(5) 开标。

包括：①开标。见表 2-16 第 18 项规定，并邀请所有投标人参加。②投标文件的有效性。

(6) 评标。

包括：①评标委员会与评标；②评标过程的保密；③资格后审；④投标文件的澄清；⑤投标文件的初步评审；⑥投标文件计算错误的修正；⑦投标文件的评审、比较和否决。

(7) 合同的授予。

包括：①合同授予标准。招标人不承诺将合同授予投标报价最低的投标人。招标人发出中标通知书前，有权依据评标委员会的评标报告拒绝不合格的投标。②中标通知书。中标人确定后，招标人将于 15 日内向工程所在地的县级以上地方人民政府建设行政主管部门提交施工招标情况的书面报告；建设行政主管部门收到该报告之日起 5 日内，未通知招标人在招标投标活动中有违法行为的，招标人向中标人发出中标通知书，同时通知所有未中标人；招标人与中标人订立合同后 5 日内向其他投标人退还投标保证金。③合同协议书的订立。中标通知书发出之日 30 日内，根据招标文件和中标人的投标文件订立合同。④履约担保。见表 2-16 第 20 项。

2. 合同条款

建设部、国家工商行政管理局 1999 年 12 月 24 日印发的《建设工程施工合同(示范文本)》是施工招投标使用的标准条款。

3. 合同文件格式

合同文件格式有合同协议书、房屋建设工程质量保修书、承包方银行履约保函或承包方履约担保书、承包方履约保证金、承包方预付款银行保函、发包方支付担保银行保函或发包方支付担保书等。

4. 工程建设标准

略。

5. 图纸

略。

6. 工程量清单

1) 工程量清单说明

工程量清单系按分部分项工程提供,依据有关工程量计算规划编制的清单。工程量清单中的"工程量",是招标人的估算值。投标人标价并中标后,该工程量清单则是合同文件的重要组成部分,排列在合同文件的第八位,比预算书的解释顺序优先。

2) 工程量清单表(见表 2-17)

表 2-17　工程量清单

(工程项目名称)工程

序　号	编　号	项目名称	计量单位	工程量
1	2	3	4	5
一		(分部工程名称)		
1		(分部工程名称)		
2				
……				
二				
1				
2				
……				
三				

招标人:＿＿＿＿＿＿＿＿＿＿ 盖章

法定代表人或委托代理人:＿＿＿ 签字盖章 ＿＿＿ 日期:＿＿＿年＿＿＿月＿＿＿日

7. 投标文件的部分投标函件格式

招标人提供的主要投标函件包括：①法定代表人身份证明书(见表 2-18)；②投标文件签署授权委托书(见表 2-19)；③投标函(见表 2-20)；④投标函附录(见表 2-21)；⑤投标担保银行保函格式(由担保银行签字盖章)；⑥投标担保书(见表 2-22)。

表 2-18　法定代表人身份证明书

♣ 单位名称：_____

♣ 单位性质：_____

♣ 地　　址：_____

♣ 成立时间：_____

♣ 姓名：_____性别：_____年龄：_____职务：

♣ 系_____(投标人单位名称)_____的法定代表人。

♣ 特此证明。

♣

♣ 　　　　　　　　　　　　　　　　　　投标人：_____(盖章)

　　　　　　　　　　　　　　　　　　　　日期：___年___月___日

表 2-19　投标文件签署授权委托书

本授权委托书声明：我___(姓名)___系___(投标人名称)___的法定代表人，现授权委托(单位名称)的(姓名)为我公司签署本工程的投标文件的法定代表人授权委托代理人，我承认代理人全权代表我所签署的本工程的投标文件的内容。

特此委托。

代理人：_____(签字)_____性别：_____年龄：_____

身份证号码：_____职务：_____

投标人：_____(盖章)_____

法定代表人：_____(签字或盖章)_____

　　　　　　　　　授权委托日期：_____年____月_____日

表 2-20　投标函

致：_____(招标人名称)_____

1. 根据你方招标工程项目编号为_____的_____工程招标文件，遵照《中华人民共和国招标投标法》等有关规定，经勘探项目现场和研究上述招标文件的投标须知、合同条款、图纸、工程建设标准和工程量清单及其他有关文件后，我方愿以_____(币种，金额，单位)(小写)的投标报价并按上述图纸、合同条款、工程建设标准和工程量清单的条件要求承包上述工程的施工、竣工，并承担任何质量缺陷保修责任。

2. 我方已详细审核全部招标文件，包括修改文件(如有时)及有关附件。

3. 我方承认投标函附录是我方投标函的组成部分。

4. 一旦我方中标，我方保证按合同协议书中规定的工期_____日历天完成并移交全部工程。

5. 如果我方中标，我方将按照规定提交上述总价____%的银行保函或上述总价____%的由具有担保资格和能力的担保机构出具的履约担保书作为履约担保。

6. 我方同意所提交的投标文件在"投标申请人投标须知"第15条规定的投标有效期内有效,在此期间内如果中标,我方将接受此约束。

7. 除非另外达成协议并生效,你方的中标通知书和本投标文件将成为约束双方的合同文件的组成部分。

8. 我方将与本投标函一起,提交"＿＿＿＿＿＿"(币种,金额,单位)作为投标担保。

投　标　人:＿＿＿＿＿＿＿(盖章)＿＿＿＿＿

单　位　地　址:＿＿＿＿＿＿＿＿＿＿＿＿＿

法定代表人或其委托代理人:＿＿＿＿＿(签字或盖章)＿＿＿＿

邮　政　编　码:＿＿＿＿＿电话:＿＿＿＿传真:＿＿＿＿

开户银行名称:＿＿＿＿＿＿＿＿＿＿＿＿

开户银行账号:＿＿＿＿＿＿＿＿＿＿＿＿

开户银行地址:＿＿＿＿＿＿＿＿＿＿＿＿

开户银行电话:＿＿＿＿＿＿＿＿＿＿

日　　　　　期:＿＿＿＿年＿＿＿＿月＿＿＿＿日

表 2-21　投标函附录

序　号	项目内容	合同条款号	约定内容	备　注
1	履约保证金银行保函金额 履约担保金额		合同价款的(　)% 合同价款的(　)%	
2	施工准备时间		签订合同后(　)天	
3	误期违约金额		(　)元／天	
4	误期赔偿费限额		合同价款(　)%	
5	提前工期奖		(　)元／天	
6	施工总工期		(　)日历天	
7	质量标准			
8	工程质量违约金最高限额		(　)元	
9	预付款金额		合同价款的(　)%	
10	预付款保函金额		合同价款的(　)%	
11	进度款付款时间		签发月付款凭证后(　)天	
12	竣工结算款付款时间		签发竣工结算付款凭证后(　)天	
13	保修期		依据保修书约定的期限	

表 2-22　投标担保书

致:＿＿＿(招标人名称)＿＿＿

根据本担保书,(投标人名称)作为委托人(以下简称"投标人")和(担保机构名称)作为担保人(以下简称"担保人")共同向(招标人名称)(以下简称"招标人")承担支付(币种,金额,单位)(小写)的责任,投标人和担保人均受本担保书的约束。

鉴于投标人于＿＿＿年＿＿＿月＿＿＿日参加招标人的(招标工程项目名称)的投标,本担保人愿为投标人提供投标担保。

本担保书的条件是:如果投标人在投标有效期内收到你方的中标通知书后:

1. 不能或拒绝按投标须知的要求签署合同协议书;

2. 不能或拒绝按投标须知的规定提交履约保证金。

只要你方指明产生上述任何一种情况的条件时，则本担保人在接到你方以书面形式的要求后，即向你方支付上述全部款额，无须你方提出充分证据证明其要求。

本担保人不承担支付下述金额的责任：

1. 大于本担保书规定的金额；

2. 大于投标人投标价与招标人中标价之间的差额的金额。

担保人在此确认，本担保书责任在投标有效期或延长的投标有效期满后28天内有效，若延长投标有效期无须通知本担保人，但任何索款要求应在上述投标有效期内送达本担保人。

担 保 人： ___(盖章)___

法定代表人或委托代理人： ___(签字或盖章)___

地　　址： _____

邮政编码： _____

日　　期： _____年_____月_____日

8. 投标文件商务部分格式

采用综合单价形式的投标文件商务部分格式包括下述各点。

①投标报价说明。综合单价和合价均包括：人工费、材料费、机械费、管理费、利润、税金以及采用固定价格的工程所测算的风险费等全部费用；②投标报价汇总表(见表2-23)；③主要材料清单报价表(见表2-24)；④设备清单报价表(见表2-25)；⑤工程量清单项目价格计算表(见表2-26)；⑥措施项目报价表(见表2-27)；⑦其他项目报价表(见表2-28)。

表2-23　投标报价汇总表

(工程项目名称)工程

序　号	表　号	工程项目名称	合计(单位)	备　注
一		土建工程分部工程量清单项目		
1				
2				
二		安装工程分部工程量清单项目		
1				
2				
三		措施项目		
四		其他项目		
五		设备费用		
六		总计		

投标总报价 (币种，金额，单位)

投标人： (盖章)

法定代表人或委托代理人： (签字或盖章)

日期： 年 月 日

表 2-24 主要材料清单报价表

(工程项目名称)工程   共＿＿＿页第＿＿＿页

序　号	材料名称及规格	计量单位	数　量	报价(单位)		备　注
				单　价	合　价	
1	2	3	4	5	6	7

表 2-25 设备清单报价表

(工程项目名称)工程   共＿＿＿页第＿＿＿页

序号	设备名称	规格型号	单位	数量	单价(单位)				合价(单位)				备注
					出厂价	运杂费	税金	单价	出厂价	运杂费	税金	合价	
1	2	3	4	5	6	7	8	9	10	11	12	13	14

合计：(币种，金额，单位)

投标人：   (盖章)

法定代表人或委托代理人：   (签字或盖章)

                  日期： 年 月 日

表 2-26 工程量清单项目价格计算表

(分项)工程 　　　　　　　　　　　　　　　　　　　　　　　　共＿＿＿页第＿＿＿页

序号	编号	项目名称	计量	工程量	工料单价				工料合价				费用		合价	单价	备注
					单价	其中			合价	其中			利润	税金			
						人工费		机械费		人工费	材料费	机械费					
1	2	3	4	5	6	7	8	9	10	11	12	13	14	15	16	17	18	19
1	(清单项目编号)																

投标人： 　　　　　　　　(盖章)

法定代表人或委托代理人： 　　　(签字或盖章)

日期： 年 月 日

表 2-27 措施项目报价表

××工程 　　　　　　　　　　　　　　　　　共＿＿＿页第＿＿＿页

序　号		项目名称	金　额
1			
2			
3			
4			
5			
6			
合计：(币种，金额，单位)			

投标人： 　　　　　　　　(盖章)

法定代表人或委托代理人： 　　　(签字或盖章)

日期： 年 月 日

表2-28　其他项目报价表

××工程　　　　　　　　　　　　　　　　　　　　　　　　共_____页第_____页

序　号	项目名称	金　额
1		
2		
3		
4		
5		
6		
……		
合计：(币种，金额，单位)		

投标人：　　　　　　　　　(盖章)

法定代表人或委托代理人：　(签字或盖章)

日期：　年　月　　日

9. 投标文件技术部分格式

1) 施工组织设计

其格式有：①拟投入的主要施工机械设备表；②劳动力计划表；③计划开、竣工日期和施工进度网络图；④施工总平面图；⑤临时用地图表。

2) 项目管理机构配备情况

包括：①项目管理机构配备情况表；②项目经理简历表；③项目主要技术负责人简历表；④项目管理机构配备情况的辅助说明资料；⑤拟分包项目情况图表。

10. 资格审查申请书格式

资格审查申请书格式组成：①投标人一般情况；②近三年类似工程营业额数据表；③近三年已完工程及目前在建工程一览表；④财务状况表；⑤联合体情况；⑥类似工程经验；⑦现场条件类似工程的施工经验；⑧其他。

2.6　答辩中标与谈判签约

2.6.1　组织投标人答辩

1. 业主询标澄清

业主在委托评标委员会进行评标时，有时要组织投标人对各自的投标文件进行答辩，对投标文件进行澄清、说明或补正；评标委员会可以要求投标人对投标文件中含意不明确的内容作出必要的澄清或者说明，但是澄清或者说明不得超出投标文件的范围或者改变投标文件的实质性内容。对投标文件的相关内容澄清和说明的目的是有利于评标委员会对投标文件的审查、评审和比较。澄清和说明包括投标文件中含义不明确、对同类问题表述不一致或者有明显文字和计算错误的内容；补正是对投标文件中的大写金额和小写金额不一致的以大写金额为准；总价金额与单价金额不一致的，以单价金额为准，但单价金额小数点有明显错误的除外；对不同文字文本投标文件的解释发生异议的，以中文文本为准。

2. 双信封评标

双信封评标法，是一种广泛使用的评标方法。所谓双信封，是指在投标时，投标人根据投标须知规定，将投标报价和工程量清单报价表单独密封在报价信封中，其他商务和技术文件密封在另外一个信封中，在开标前同时提交给招标人的一种封装投标文件的方式。利用双信封，可将投标人的投标文件从内容到形式上划分为技术标(含商务部分)与经济标(投标报价)，可分别独立地进行技术与商务评标和投标报价评标。在一般土建工程的评标中，较多的采用双信封评标法；在公路工程中，对于独立特大型桥梁、长大隧道等技术难度较大的公路工程，招标人可选择双信封评标法进行评标。对一般土建工程，双信封法的招标评标程序包括下述各点。

①招标人首先打开商务和技术文件信封，但报价信封交监督机关或公证机关密封保存；②评标委员会对商务和技术文件进行初步评审和详细评审，对通过初步评审和详细评审的投标文件的技术部分进行打分，打分后密封；③开启投标报价信封，按照评标细则，进行客观计算(即按细则规定，直接利用计算公式计算)，当众确定投标报价得分；④汇总(分值)。将技术标得分与经济标得分相加，得到投标人最后得分。根据得分高低，确定排名，一般当众确定中标单位。

初步评审及评标准备工作包括编制表格，研究招标文件；投标文件的排序；投标文件的澄清、说明或补正；废标的处理；投标偏差的认定。

详细评审包括确定评标方法；备选方案的确定；推荐中标候选人；评标委员会推荐的中标候选人应当限定在 1～3 人，标明排列顺序。中标人的投标应当符合下列条件之一：能够最大限度满足招标文件中规定的各项综合评价标准；能够满足招标文件的实质性要求，并且经评审的投标价格最低，但是投标价格低于成本的除外。

3. 中标

首先确定中标的时间，评标委员会提出书面评标报告后，招标人一般应当在 15 日内确定中标人，最迟应当在投标有效期结束日前 30 个工作日内确定；发出中标通知书(见表2-29)，招标人和中标人应当自中标通知书发出之日起 30 日内，按照招标文件和中标人的投标文件订立书面合同。中标人应按照招标人的要求提供履约保证金或其他形式履约担保，招标人也应当同时向中标人提供工程款支付担保。招标人与中标人签订合同后 5 个工作日内，应当向中标人和未中标的投标人退还投标保证金。

依法必须进行施工招标的项目，招标人应当自发出中标通知书之日起 15 日内，向有关行政监督部门提交招标投标情况的书面报告。书面报告应包括下列内容：招标范围；招标方式和发布招标公告的媒介；招标文件中投标人须知、技术条款、评标标准和方法、合同主要条款等内容；评标委员会的组成和评标报告；中标结果。

表 2-29　中标通知书

(中标人名称)：

(招标人名称)的(工程项目名称)，于____年____月____日公开开标后，已完成评标工作和向建设行政主管部门提交该施工招标投标情况的书面报告工作，现确定你单位为中标人，中标标价为(币种，金额，单位)，中标工期自____年月____日开工，____年____月____日竣工，总工期为____日历天，工程质量要求符合(《工程施工质量验收规范》)标准。项目经理____。

你单位收到中标通知书后，须在____年____月____日____时____分前到(地点)与招标人签订合同。

招标人：	(盖章)
法定代表人或其委托代理人	(签字或盖章)
招标代理机构：	(盖章)
法定代表人或其委托代理人	(签字或盖章)
日　期	年　月　日

2.6.2　合同谈判的主要内容

1. 工程内容和范围的确认

合同的"标的"是合同最基本的要素，建设工程合同的标的量化就是工程承包内容和范围。对于在谈判讨论中经双方确认的内容及范围方面的修改或调整，应和其他所有在谈判中双方达成一致的内容一样，以文字方式确定下来，并以"合同补遗"或"会议纪要"方式作为合同附件，构成合同的一部分。对于为甲方和监理工程师提供的建筑物、家具、车辆以及各项服务，也应逐项详细地予以明确。对于一般的单价合同，如发包人在原招标文件中未明确工程量变更的限度，则谈判时应要求与发包人共同确定一个"增减量幅度"，当超过该幅度时，承包人有权要求对工程单价进行调整。

2. 技术要求、规范和施工技术方案的细化

略。

3. 合同价格条款的协商

合同依据计价方式的不同主要有固定总价合同、固定单价合同和可调价格合同。究竟采用何种合同方式，在谈判中可根据工程项目的特点加以确定。

4. 价格调整条款

建设工程工期较长，受货币贬值或通货膨胀等因素的影响，承包人存在着极大的价格风险。价格调整条款能公正地解决承包人不可控制的风险损失。可以说，价格调整和合同单价(对"单价合同")及合同总价共同确定了工程承包合同的实际价格，直接影响着承包人的经济利益。在建设工程实践中，价格向上调整的机会远远大于价格下调的机会，有时最终的价格调整金额会高达合同总价的10%甚至15%以上，公共项目甚至高达30%。因此承包人在投标过程中，尤其是在合同谈判阶段务必要对合同的价格调整条款予以充分的重视。

业主要根据自身需求选择合同价格形式。

5. 合同款支付方式的谈判

工程合同的付款可分四个阶段进行，即预付款、工程进度款、最终付款和退还保留金。

6. 工期和维修期

承包人应根据投标文件填报的工期，同时考虑工程量的变动所产生的影响，与发包人确定最后的工期。开工日期应根据承包人的项目准备情况、季节和施工环境因素等洽商适当的时间。对于单项工程较多的项目，应当争取(如原投标书中未明确规定时)在合同中明确允许分部位或分批提交发包人验收(例如成批的房建工程应允许分栋验收；分多段的公路维修工程应允许分段验收；分多片的大型灌溉工程应允许分片验收等)，并从该批验收时起开始计算该部分的维修期，并应规定在发包人接收前，发包人不得随意使用，以最大限度地保障自己的利益。

承包人应通过谈判(如原投标书中未明确规定时)使发包人接受、并在合同文本中以文字的形式明确允许承包人保留由于工程变更(发包人在工程实施中增减工程或改变设计)、恶劣的气候影响，以及种种"作为一个有经验的承包人也无法预料的工程施工过程中条件(如地质条件、超标准的洪水等)的变化"等原因对工期产生不利影响时要求合理地延长工期的权利。

合同文本中应当对保修工程的范围、保修责任及保修期的开始和结束时间有明确的说明，承包人应该只承担由于材料和施工方法及操作工艺等不符合合同规定而产生的缺陷。如承包人认为发包人提供的投标文件(事实上将构成为合同文件)中对它们说明得不够详细时，应该与发包人谈判清楚，并落实在"合同补遗"上。承包人应力争以维修保函来代替发包人扣留的保留金，因为维修保函对承包人有利，可提前取回被扣留的现金，而且保函是有时效的，期满将自动作废；同时，它对发包人并无风险，真正发生维修费用时，发包人可凭保函向银行索回款项，因此，这一做法是比较公平的。维修期满后应及时从发包人处撤回保函。

7. 关于完善合同条件的问题

此类问题主要包括：关于合同图纸；关于合同的某些措辞；关于违约罚金和工期提前奖金；工程量验收以及衔接工序和隐蔽工程施工的验收程序；关于施工占地；关于开工和工期；关于向承包人移交施工现场和基础资料；关于工程交付；预付款保函的自动减额条款。

2.6.3　建设工程施工合同文本的签订

1. 施工合同文件内容

建设工程施工合同文件构成共分九个部分，同时还包括双方代表共同签署的合同补遗(如合同谈判会议纪要等)；中标人投标时所递交的主要技术和商务文件(包括原投标书的图纸，承包人提交的技术建议书和投标文件的附图)；其他双方认为应该作为合同的一部分的文件，如投标阶段发包人发出的变动和补遗，发包人要求投标人澄清问题的函件和承包人所做的文字答复，双方往来函件，以及投标时的降价确认书等。双方应对所有在招标投标及谈判前后各方发出的文件、文字说明、解释性资料进行清理，对凡是与上述合同构成相矛盾的文件，应宣布作废，可以在双方签署的合同补遗中，对此作出排除性质的声明。

2. 关于合同协议的补遗

在合同谈判阶段双方谈判的结果一般以合同补遗的形式、有时也以合同谈判纪要形式形成书面文件。合同协议的补遗是合同文件中极为重要的组成部分，是最终确认合同签订人之间的意思表示，所以它在合同解释中优先于其他文件，承包人和发包人都要高度重视。它一般由发包人或其监理工程师起草。因合同补遗或合同谈判纪要会涉及合同的技术、经济、法律等所有方面，作为承包人主要是核实其是否忠实于合同谈判过程中双方达成的一致意见及其文字的准确性。对于经过谈判更改的招标文件中的非实质性条款，应说明按照合同补遗某某条款执行。为了确保协议的合法性，应由律师核实之后，才可对外确认。

3. 签订合同

发包人或监理工程师在合同谈判结束后，应按上述合意，填写合同文本。当双方认为满意、核对无误后由双方代表草签，至此，合同谈判阶段即告结束。此时，承包人应及时准备和递交履约保函，准备正式签署承包合同。

【案例分析】

(1) 建设工程施工招标的必备条件包括下述各条。
① 招标人已经依法成立；
② 初步设计及概算应当履行审批手续的，已经批准；
③ 招标范围、招标方式和招标组织形式等应当履行核准手续的，已经核准；
④ 有相应资金或资金来源已经落实；
⑤ 有招标所需的设计图纸及技术资料。
(2) 本工程不完全具备招标条件的，不应进行施工招标。
(3) 有下列情形之一的，经批准可以进行邀请招标。
① 项目技术复杂或有特殊要求，只有少量几家潜在投标人可供选择的；
② 受自然地域环境限制的；
③ 涉及国家安全、国家秘密或者抢险救灾，适宜招标但不宜公开招标的；
④ 拟公开招标的费用与项目的价值相比，不值得的；
⑤ 法律、法规规定不宜公开招标的。

本 章 回 顾

本章主要从建设工程招标的角度，详细阐述了建设工程招标过程中招标可以选择的方式，招标的具体运作程序及内容，建设工程编制招标文件时应包含的内容，建设工程标底的概念、编制步骤及要求，建设工程招标评标的方法等内容。

练 一 练

一、填空题

1. 招标文件发售的时间不得少于_____。

2. 根据《工程建设项目招标范围和规模标准规定》，属于工程建设项目招标范围内的工程建设项目，其重要设备、材料等货物的采购，单项合同估算价在_____人民币以上的，必须进行招标。

3. 资格后审是在_____对投标人的资格进行审查。

4. 招标项目需要编制标底的，一个工程只能编制_____标底。

5. 如果招标人改变招标范围，应在投标截止日前至少_____前以书面形式通知所有招标文件的收受人。

6. 某项目招标，经评标委员会评审，认为所有投标都不符合招标文件的要求，这时应当_____。

7. 在项目招标的评标结束后，中标人的投标保证金应当在_____退还。

8. 某建设项目的投标人在现场考察后以书面形式提出质疑问题，招标人在距离开标时间还剩 10 天时才予以书面解答。鉴于解答时间短于《招标投标法》规定的时间，且书面解答与招标文件规定的内容不一致，对该问题应以_____。

9. 某建设项目发售招标文件时收取工本费 500 元，则在招投标结束后_____。

10. 评标委员会由招标人的代表和有关技术、经济等方面的专家组成，成员人数为 5 人以上的单数，其中招标人以外的专家不得少于成员总数的_____。

11. 招标阶段现场踏勘应由招标人组织，投标人_____参加。

12. _____的投标文件是指投标文件基本上符合招标文件要求，但在个别地方存在漏项或者提供了不完整的技术信息和数据等，并且补正这些遗漏或者不完整不会对其他投标人造成不公平的结果。

13. 综合评分法可以较全面地反映_____。

14. _____的投标文件是指未对招标文件作实质性响应。

15. 某招标项目在中标通知书发出后，招标人提出降阶要求。对该降阶要求，按照《招标投标法》的规定，中标人_____招标人的要求。

16. 对招标文件的响应存在细微偏差的投标书，_____。

17. 依据《招标投标法》，在项目公开招标的资格预审阶段，在"资格预审须知"文件中，可以_____。

18. 评标委员会成员应符合从事相关专业领域工作满 8 年，并具有高级职称或者具有同等专业水平的_____，并实行动态管理。

19. 某招标项目开标时，发现投标人未按要求提供合格的投标保函，投标人随即要求撤回投标文件，此时应_____。

20. _____指招标人对投标人在施工经验、人员、施工机械、财务能力及社会信誉五方面在投标前进行的综合评价。

二、选择题

(一)单项选择题

1. 《招标投标法》规定,依法必须招标的项目自招标文件开始发出之日起至投标人提交投标文件截止之日止,最短不得少于( )。

  A. 20d   B. 30d   C. 10d   D. 15d

2. 根据《招标投标法》规定,招标人和中标人应当在中标通知书发出之日起( )内,按照招标文件和中标人的投标文件订立书面合同。

  A. 20d   B. 30d   C. 10d   D. 15d

3. 招标人采用邀请招标方式招标时,应当向( )个以上具备承担招标项目的能力、资信良好的特定的法人或者其他组织发出投标邀请书。

  A. 3   B. 4   C. 5   D. 2

4. 评标委员会的组成人员中,要求技术经济方面的专家不得少于成员总数的( )。

  A. 1/2   B. 2/3   C. 1/3   D. 1/5

5. 招标人对已发出的招标文件进行必要的澄清或者修改的,应当在招标文件要求提交投标文件截止时间至少( )前,以书面形式通知所有招标文件收受人。

  A. 20d   B. 10d   C. 15d   D. 7d

6. 公开招标也称无限竞争性招标,是指招标人以( )的方式邀请不特定的法人或者其他组织投标。

  A. 投标邀请书   B. 合同谈判   C. 行政命令   D. 招标公告

7. 下列关于建设工程招投标的说法,正确的是( )。

  A. 在投标有效期内,投标人可以补充、修改或者撤回其投标文件

  B. 投标人在招标文件要求提交投标文件的截止时间前,可以补充、修改或者撤回投标文件

  C. 投标人可以挂靠或借用其他企业的资质证书参加投标

  D. 投标人之间可以先进行内部竞价,内定中标人,然后再参加投标

8. 下列关于联合体共同投标的说法,正确的是( )。

  A. 两个以上法人或其他组织可以组成一个联合体,以一个投标人的身份共同投标

  B. 联合体各方只要其中任意一方具备承担招标项目的能力即可

  C. 由同一专业的单位组成的联合体,投标时按照资质等级较高的单位确定资质等级

  D. 联合体中标后,应选择其中一方代表与招标人签订合同

(二)多项选择题

1. 符合下列( )情形之一的,经批准可以进行邀请招标。

  A. 国际金融组织提供贷款的

  B. 受自然地域环境限制的

  C. 涉及国家安全、国家秘密,适宜招标但不适宜公开招标的

  D. 项目技术复杂或有特殊要求只有几家潜在投标人可供选择的

  E. 紧急抢险救灾项目,适宜招标但不适宜公开招标的

2. 符合( )情形之一的标书，应作为废标处理。

    A. 逾期送达的

    B. 按招标文件要求提交投标保证金的

    C. 无单位盖章并无法定代表人签字或盖章的

    D. 投标人名称与资格预审时不一致的

    E. 联合体投标附有联合体各方共同投标协议的

3. 建设工程施工招标的必备条件有( )。

    A. 招标所需的设计图纸和技术资料具备

    B. 招标范围和招标方式已确定

    C. 招标人已经依法成立

    D. 资金来源已经落实

    E. 已选好监理单位

4. 我国《招标投标法》规定，建设工程招标方式有( )。

    A. 公开招标   B. 议标

    C. 国际招标   D. 行业内招标

    E. 邀请招标

三、名词解释

1. 建设工程招标

2. 招标人

3. 招标代理机构

4. 公开招标

5. 邀请招标

6. 资格预审

四、简答题

1. 对潜在的投标人进行资格预审由哪些内容构成？

2. 在什么情况下建设工程必须进行招标？

3. 招标公告与投标邀请书应当载明哪些内容？

4. 招标文件应包括哪些内容？

5. 建设工程招标前应具备什么样的前提条件？

6. 建设工程施工招标由哪些内容构成？

五、案例题

【案例1】 北京市政府已批准兴建一所医院工程，现就该工程的施工面向社会公开招标。本次招标工程项目的概况为：建筑规模约18000万元；建筑面积约200000m^2；主楼采用框架结构；建设地点在四环以外。招标范围：土建和所有专业安装工程。工程质量要求达到国家施工验收规范合格标准。凡对本工程感兴趣的施工单位均可向招标人提出资格预审申请。

问题：

(1) 《招标投标法》中规定的招标方式有哪几种？

(2) 简述招标人对投标人进行资格预审的程序。

【案例 2】　根据国防需要，空军某部须在北部地区建设一雷达生产厂，军方原拟订在与其合作过的施工单位中通过招标选择一家，可是由于合作单位多达 20 家，军方为达到保密要求，再次决定在这 20 家施工单位内选择 3 家军队施工单位投标。

问题：

(1) 上述招标人的做法是否符合《中华人民共和国招标投标法》的规定？

(2) 在何种情形下，经批准可以进行邀请招标？

第3章 建设工程投标实务

【学习目标】

通过对本章的学习，我们应该加深对下述各点的了解。

(1) 了解建设工程投标的概念、方式及基本条件。

(2) 了解建设工程投标的程序及主要工作内容。

(3) 了解建设工程估价和报价的概念及工程施工投标报价的编制。

(4) 了解建设工程估价的基本程序。

(5) 掌握建设工程报价及策略。

【导入案例】

　　永利监理公司承担了某体育馆建设工程项目施工阶段(包括施工招标)的建设监理任务。经过施工招标，业主选定 A 建筑公司为中标单位。在施工合同中双方约定，A 建筑公司将设备安装、配套工程和桩基工程的施工分包给 B、C 和 D 三家专业工程公司，业主负责采购设备。

　　该工程在施工招标和合同履行过程中发生了下述事件：

　　施工招标过程中共有 6 家建筑公司竞标。其中 F 工程公司的投标文件在招标文件要求提交投标文件的截止时间后半小时送达；G 工程公司的投标文件未密封。

　　问题：

　　(1) 评标委员会是否应该对 F、G 这两家公司的投标文件进行评审？为什么？

　　桩基工程施工完毕，已按国家有关规定和合同约定作了检测验收。监理工程师对其中15 号桩的混凝土质量有所怀疑，建议业主采取钻孔取样方法进一步检验。D 公司不配合，总监理工程师要求 A 建筑公司给予配合，A 公司以桩基是 D 公司施工的为由拒绝配合。

　　(2) A 建筑公司的做法是否妥当？为什么？

　　若钻孔取样检验合格，A 建筑公司要求该监理公司承担由此发生的全部费用，赔偿其窝工损失，并顺延影响的工期。

　　(3) A 建筑公司的要求是否合理？为什么？

　　业主采购的配套工程设备提前进场，A 建筑公司派人参加开箱清点，并向监理工程师提交因此增加的保管费支付申请。

　　(4) 监理工程师是否予以签认？为什么？

　　C 公司在配套工程设备安装过程中发现附属工程设备材料库中的部分配件丢失，要求重新采购供货。

　　(5) C 公司的要求是否合理？为什么？

　　通过本章的学习，我们将会找到上述问题的答案。

3.1　建设工程投标概述

3.1.1　建设工程投标的概念

　　工程招标投标是在国家的法律保护和监督之下法人之间的经济活动，是在双方同意的基础上发生的一种交易行为。

　　工程投标是指具有合法资格和能力的投标人根据招标条件，以投标报价的形式争取获得工程任务的一种经济活动。

3.1.2　建设工程投标的一般程序

　　建设工程投标是建设工程招标投标活动中投标人的一项重要活动，也是建筑企业取得承包合同的主要途径。建设工程的投标工作程序如图 3-1 所示。

1. 投标的前期准备工作

投标的前期准备工作包括获取招标信息和前期投标决策两项内容。

1) 获取招标信息

目前投标人获得招标信息的渠道很多，最普遍的是通过大众媒体所发布的招标公告获取招标信息。投标人必须认真分析验证所获信息的真实可靠性，并证实该招标项目确实已经立项批准，资金确实已经到位等。

2) 前期投标决策

投标人在证实招标信息真实可靠后，同时还要对招标人的信誉、实力等方面进行了解，根据了解到的情况，正确做出投标决策，以降低工程实施过程中承包方的风险。

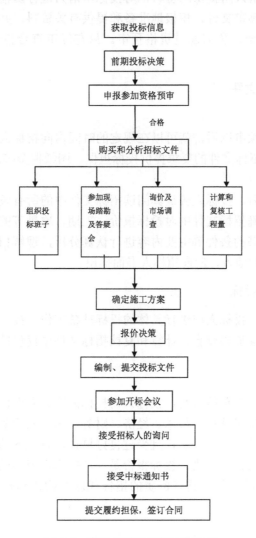

图 3-1　建设工程的投标工作程序

2. 参加资格预审

资格预审是承包商在投标过程中要通过的第一关。资格预审必须按照招标人所编制的资格预审文件内容进行审查，一般要求被审查的投标申请人提供如下所述各种资料。

(1) 投标企业概况。

(2) 财务状况。

(3) 拟投入的主要管理人员情况。

(4) 目前剩余劳动力和施工机械设备情况。

(5) 近 3 年承建工程的情况。

(6) 目前正在承建的工程情况。

(7) 3 年来涉及的诉讼案件情况。

(8) 其他资料如各种奖励和处罚等。

招标人根据投标申请人所提供的资料，对投标申请人进行资格审查。在这个过程中，投标申请人应根据资格预审文件，积极地准备和提供有关资料，并做好信息跟踪工作，发现不足部分，应及时补送，争取通过资格预审。只有经审查合格的投标申请人才具备参加投标的资格。

3．购买和分析招标文件

1) 购买招标文件

投标人在通过资格预审以后，就可以在规定的时间内向招标人购买招标文件。购买招标文件时，投标人应按招标文件的要求提供投标担保、图纸押金等。

2) 分析招标文件

购买到招标文件之后，投标人应认真阅读招标文件中的所有条款。注意投标过程中各项活动的时间安排，明确招标文件中对投标报价、工期、质量等的要求，同时对招标文件中的合同条款、无效标书的条件等主要内容进行认真分析，理解招标文件隐含的含义。对可能发生疑义或不清楚的地方，应向招标人书面提出。

4．收集资料、准备投标

购买招标文件之后，投标人应进行具体的投标准备工作。投标准备工作包括组建投标班子，进行现场踏勘，参加答疑会，计算和复核招标文件中提供的工程量，询问了解市场情况等内容。

1) 组建投标班子

为了确保在投标竞争中获得胜利，投标人在投标前应建立专门的投标班子，负责投标事宜。投标班子应包括施工管理、技术、经济、财务、法律法规等方面的人员。投标班子中的人员在业务上应精干、富有经验，且受过良好培训，有娴熟的投标技巧；素质上应工作认真，对企业忠诚，对报价保密。投标报价是一项技术性很强的工作，投标人在投标时如果认为必要，也可以聘请某些具有资质的招标代理机构代理投标或策划事宜，以提高中标概率。

2) 参加现场踏勘

投标人在领到招标文件后，除对招标文件进行认真研读分析之外，还应按照招标文件规定的时间，对拟施工的现场进行考察。我国在逐渐实行工程量清单报价模式以后，投标人所投报的单价一般被认为是在经过现场踏勘的基础上编制而成的。报价单报出后，投标者就无权以现场踏勘不周、情况了解不细或各种因素考虑不全为理由提出修改报价或索要赔偿等要求。现场踏勘应由招标人组织，投标人自费自愿参加。

现场踏勘时应从以下五个方面详细了解工程的有关情况，为投标工作提供第一手资料。

(1) 工程的性质及与其他工程之间的关系。

(2) 投标人投标的那一部分工程与其他承包商之间的关系。

(3) 工地地貌、地质、气候、交通、电力、水源、障碍物等情况。

(4) 工地附近的住宿条件、料场开采条件、其他加工条件、设备维修条件等。

(5) 工地附近的治安情况。

3) 参加答疑会

答疑会又称投标预备会或标前会议，一般在现场踏勘之后的 1～2 天内举行。答疑会的目的是解答投标人对招标文件及现场踏勘所提出的问题，并对图纸进行交底和解释。投标人在对招标文件进行认真分析，并对现场踏勘之后，应尽可能将投标过程中可能遇到的问题向招标人提出疑问，争取得到招标人的解答，为下一步投标工作的顺利进行奠定基础。

4) 计算或复核工程量

现阶段我国进行工程施工投标时，工程量有两种情况。一种情况是，编制招标文件时，招标人给出具体的工程量清单，供投标人报价时使用。在这种情况下，投标人在进行投标时，应根据图纸等资料对给定工程量的准确性进行复核，为投标报价提供依据。在工程量复核的过程中，如果发现某些工程量有较大的出入或遗漏，应向招标人提出，要求招标人进行更正或补充。如果招标人不做更正或补充，投标人在投标时应注意调整单价以减少工程施工过程中由于工程量调整所带来的风险。另一种情况是，招标人不给出具体的工程量清单，只给相应工程的施工图纸，这时，投标人在投标报价时应根据给定的施工图纸，结合工程量计算规则自行计算工程量。自行计算工程量时，应严格按照工程量计算规则的规定进行，不能漏项，不能少算或多算。

5) 询价及市场调查

编制投标文件时，投标报价是一个很重要的环节。为了能够准确地确定投标报价，投标时应认真调查了解工程所在地的工资标准、材料来源、价格、运输方式、机械设备租赁价格等和报价有关的市场信息，为准确报价提供依据。

6) 确定施工方案

施工方案也是投标内容中很重要的组成部分，是招标人了解投标人的施工技术、管理水平、机械装备的有效途径。编制施工方案的主要内容如下所述。

(1) 选择和确定施工方法。对大型复杂的工程要制定几种方案，进行综合对比。

(2) 选择施工设备和施工设施。

(3) 编制施工进度计划等。

5. 编制和提交投标文件

经过前期准备工作之后，投标人开始进行投标文件的编制工作。投标人编制投标文件时，应按照招标文件的内容、格式和顺序要求进行。投标文件编写完成之后，应按照招标文件中规定的时间、地点提交。

6. 出席开标会议并接受评标期间的澄清询问

投标人在编制和提交投标文件后，应按时参加开标会议。开标会议由投标人的法定代表人或其授权代理人参加。如果法定代表人参加开标会议，一般应持有法定代表人资格证明书；如果是委托代理人参加开标会议，一般应持有授权委托书。许多地方规定，不参加开标会议的投标人，其投标文件将不予启封，视为投标人自动放弃本次投标。

在评标过程中，评标组织根据情况可以要求投标人对投标文件中含义不明确的内容作必要的澄清或者说明。这时投标人应积极地予以澄清或者说明，但其所作的澄清或者说明，不得超出投标文件的范围或者改变投标文件中的工期、报价、质量、优惠条件等实质性内容。

7. 接受中标通知书、签订合同、提供履约担保

经过评标，投标人被确定为中标人之后，应接受招标人发出的中标通知书。中标人在收到中标通知书后，应在规定的时间和地点与招标人签订合同。我国规定招标人和中标人应当自中标通知书发出之日起30日内订立书面合同，合同内容应依据招标文件、投标文件的要求和中标的条件签订。招标文件要求中标人提交履约担保的，中标人应按照招标人的要求提供。合同正式签订之后，应按要求将合同副本分送有关主管部门备案。

3.1.3　工程投标书

投标书封面应包括下述各项内容。

投标书

工程名称

投标法人单位(盖章)

法人代表(盖章)

地址

电话

邮编

投标书清单　　(略)

下面是某综合写字楼的投标书。

投　标　书

(建设单位)××公司：

1. 根据已收到的综合写字楼——凯旋门大厦工程的招标文件，遵照《××市建设工程招标投标管理办法》的规定，我单位经考察现场和研究贵方的招标文件之后，愿以人民币(大写)××万元的总价承包本期招标范围内的全部工程。

2. 一旦我方中标，我方保证在收到贵方发出的书面开工令后立即开工，并在605天内竣工。

3. 如果我方中标，我方将在贵方规定的时间内完成同贵方签订承包合同的事宜，如果违约，贵方有权终止我方中标并选择其他中标单位。

4. 贵方的中标通知书和本投标文件将构成约束我们双方的合同。

投标单位：(盖章)

法定代表人：(签字和盖章)

单位地址：

邮政编码：

电话：

开户银行：

开户行地址：

电话：

日期：××年××月××日

　　附表 3-1、表 3-2。

表 3-1　投标书附录

序　号	项　目	内　容
1	工期	(天)
2	延误工期赔偿费额	元/天
3	赶工措施费	1. 合同价格 %
4	提前竣工奖	1. 合同价格 %
5	自报质量等级	
6	达到自报质量等级(优良或优良以上)的质量	1. 合同价格 %
7	达不到自报质量等级的赔偿金	1. 合同价格 %
8		
备注		

投标单位：(盖章)

法定代表人：(签字或盖章)

日期：　　年　　月　　日

表 3-2　报价汇总表

定额直接费(万元)	合　计		其　中		其　他
			土　建	安　装	
综合取费及税金					
材差(万元)					
投标报价					
建筑面积(m^2)		单方造价			
主要材料用量	钢材(t)	木材(m^3)	水泥(t)		其他
说明					

投标单位：(盖章)

法定代表人：(签字或盖章)

日期：　　年　　月　　日

授权委托书

本授权委托书声明：我××(姓名)系××(投标单位名称)的法定代表人，现授权委托××(单位名称)的××(姓名)为我公司代理人，以本公司的名义参加××招标单位的××工程的投标活动。代理人在开标、评标、合同谈判过程中所签署的一切文件和处理与之有关的一切事物，我均予以承认。

代理人：　　　　　　　　　性别：　　　　　　　　　年龄：

单位：　　　　　　　　　　部门：　　　　　　　　　职务：

代理人无转委权。

特此委托。

投标单位：(盖章)

法定代表人：(签字或盖章)

日期：　　年　　月　　日

3.1.4　工程投标文件

1. 工程投标文件的基本内容

工程投标文件，是工程投标人单方面阐述自己响应招标文件的要求，旨在向招标人提出愿意订立合同的意思表示，是投标人确定、修改和解释有关投标事项的各种书面表达形式的统称。

投标人在投标文件中必须明确地向招标人表示愿以招标文件的内容订立合同的意思；必须对招标文件提出的实质性要求和条件做出响应，不得以低于成本的报价竞标；必须由有资格的投标人编制投标文件；必须按照规定的时间、地点将投标文件递交给招标人。否则该投标文件将被招标人拒绝。

投标文件一般由下述各项内容组成。

(1) 投标函。

(2) 投标函附录。

(3) 投标保证金。

(4) 法定代表人资格证明书。

(5) 授权委托书。

(6) 具有标价的工程量清单与报价表。

(7) 辅助资料表。

(8) 资格审查表(资格预审的不采用)。

(9) 对招标文件中的合同协议条款内容的确认和响应。

(10) 施工组织设计。

(11) 招标文件规定提交的其他资料。

投标人必须使用招标文件提供的投标文件表格格式，但表格可以按同样的格式扩展。招标文件中拟定的供投标人投标时填写的一套投标文件格式，主要有投标函及其附录、工程量清单与报价表、辅助资料表等。

2. 编制工程投标文件的步骤

投标人在领取招标文件以后，就可以进行投标文件的编制工作了。

编制投标文件的一般步骤如下所述。

(1) 熟悉招标文件、图纸、资料，对图纸、资料有不清楚、不理解的地方，可以用书面或口头方式向招标人询问、澄清。

(2) 参加招标人施工现场情况介绍和答疑会。

(3) 调查当地材料供应和价格情况。

(4) 了解交通运输条件和有关事项。

(5) 编制施工组织设计，复查、计算图纸工程量。

(6) 编制或套用投标单价。

(7) 计算取费标准或确定采用的取费标准。

(8) 计算投标造价。

(9) 核对调整投标造价。

(10) 确定投标报价。

3. 编制工程投标文件的注意事项

(1) 投标人编制投标文件时必须使用招标文件提供的投标文件表格格式，但表格可以按同样格式扩展。投标保证金、履约保证金的方式，按招标文件有关条款的规定可以选择。投标人根据招标文件的要求和条件填写投标文件的空格时，凡要求填写的空格都必须填写，不得空着不填。否则，即被视为放弃意见。实质性的项目或数字，如工期、质量等级、价格等未填写的，将被作为无效或作废的投标文件处理。投标文件应按规定的日期送交招标人，等待开标、决标。

(2) 应当编制的投标文件"正本"仅一份，"副本"则按招标文件前附表所述的份数提供，同时要明确标明"投标文件正本"和"投标文件副本"字样。投标文件正本和副本如有不一致之处，以正本为准。

(3) 投标文件正本与副本均应使用不能擦去的墨水打印或书写，各种投标文件的填写都要字迹清晰、端正，补充设计图纸要整洁、美观。

(4) 所有投标文件均应由投标人的法定代表人签署、加盖印鉴，并加盖法人单位公章。

(5) 填报的投标文件应反复校核，保证分项和汇总计算均无错误。全套投标文件均应保证没有涂改和行间插字，除非这些删改是根据招标人的要求进行的，或者是投标人造成的必须修改的错误。修改处应由投标文件签字人签字证明并加盖印鉴。

(6) 如招标文件规定投标保证金为合同总价的某百分比时，开投标保函的时间不要太早，以防泄露己方报价。但有的投标商提前开出并故意加大保函金额，以麻痹竞争对手的现象也是存在的。

(7) 投标人应将投标文件的正本和每份副本分别密封在内层包封，再密封在一个外层包封中，并在内包封上正确标明"投标文件正本"和"投标文件副本"字样。内层和外层包封都应写明招标人名称和地址、合同名称、工程名称、招标编号，并注明开标时间以前不得开封。在内层包封上还应写明投标人的名称与地址、邮政编码，以便投标出现逾期送达时能原封退回。如果内外层包封没有按上述规定密封并加写标志，招标人将不承担投标文件错放或提前开封的责任，由此导致提前开封的投标文件将被拒绝，并退还给投标人。投标文件应递交至招标文件前附表所述的单位和地址。

投标文件有下列情形之一的，在开标时将被作为无效或作废的投标文件处理，不能参加评标。

(1) 投标文件未按招标文件的要求标志密封的。

(2) 未经法定代表人签署或未加盖投标人公章或未加盖法定代表人印鉴的。

(3) 未按规定的格式填写，内容不全或字迹模糊辨认不清的。

(4) 投标截止时间以后送达的投标文件。

投标人在编制投标文件时应特别注意上述事项，以免被判为无效标而前功尽弃。

3.2 施工组织设计

3.2.1 施工组织设计的基本概念

施工组织设计是指导拟建工程施工全过程各项活动的技术、经济和组织的综合性文件。

施工组织设计要根据国家的有关技术政策和规定、业主的要求、设计图纸和组织施工的基本原则，从拟建工程施工全局的角度出发，结合工程的具体条件，合理地组织安排，采用科学的管理方法，不断地改进施工技术，有效地使用人力、物力，安排好时间和空间，以期获得耗工少、工期短、质量高和造价低的最优效果。

在投标过程中，必须编制施工组织设计文件，这项工作对于投标报价的影响很大。但此时所编制的施工组织设计文件，其深度和范围都比不上接到施工任务后由项目部编制的，因此，此处是初步的施工组织设计文件，如果中标，再编制详细而全面的施工组织设计文件。初步的施工组织设计文件一般包括施工进度计划和施工方案等。招标人将根据施工组织设计文件的内容评价投标人是否采取了充分和合理的措施，以保证按期完成工程施工任务。另外，施工组织设计文件对投标人自己也是十分重要的，因为进度安排是否合理，施工方案选择是否恰当，与工程成本和报价有密切的关系。

编制一个好的施工组织设计文件可以大大降低标价，提高竞争力。其编制的原则是在保证工期和工程质量的前提下，尽可能使工程成本最低，投标价格最合理。

3.2.2 施工组织设计文件的编制原则和编制依据

1. 施工组织设计文件的编制原则

在编制施工组织设计文件时，应根据施工的特点和以往积累的经验，遵循下述几项原则。

(1) 认真贯彻国家对工程建设的各项方针和政策，严格执行建设程序。历史的经验表明：凡是遵循基本建设程序的，基本建设就能顺利进行。否则，不但会造成施工的混乱，影响工程质量，还可能会造成严重的浪费或工程事故。因此，认真执行基本建设程序，是保证建筑安装工程顺利进行的重要条件。另外，在工程建设过程中，必须认真贯彻执行国家对工程建设的有关方针和政策。

(2) 科学地制订施工进度计划，严格遵守招标文件中要求的工程竣工及交付使用期限。

(3) 遵循建筑施工工艺和技术规律，合理安排工程施工程序和施工顺序。

(4) 在选择施工方案时，要积极采用新材料、新设备、新工艺和新技术，努力为新结构的推行创造条件；要注意结合工程特点和现场条件，将技术的先进适用性和经济合理性相结合，防止单纯追求先进性而忽视经济效益的做法；还要符合施工验收规范、操作规程的要求，并遵守有关防火、保安及环卫等规定，确保工程质量和施工安全。

(5) 对于那些必须进入冬、雨季施工的工程项目，应落实季节性施工措施，保证全年施工生产的连续性和均衡性。

(6) 尽量利用正式工程、已有设施，减少各种临时设施；尽量利用当地资源，合理安排运输、装卸与储存作业，减少物资运输量，避免二次搬运；精心进行场地规划布置，节约施工用地，不占或少占农田。

(7) 必须注意根据构件的种类、运输和安装条件以及加工生产的水平等因素，通过技术经济比较，恰当地选择预制方案或现场浇筑方案。确定预制方案时，应贯彻工厂预制与现场预制相结合的方针，以取得最佳的经济效果。

(8) 充分利用现有的机械设备，扩大机械化施工范围，提高机械化施工水平。

在选择施工机械的过程中，要进行技术经济比较，使大型机械和中、小型机械结合起来，使机械化和半机械化结合起来，尽量扩大机械化施工范围，提高机械化施工程度。同时要充分发挥机械设备的生产率，保持作业的连续性，提高机械设备的利用率。

(9) 要贯彻"百年大计、质量第一"和预防为主的方针，制定质量保证措施，预防和控制影响工程质量的各种因素。

(10) 要贯彻安全生产的方针，制定安全保证措施。

2. 施工组织设计文件的编制依据

施工组织设计应以工程对象的类型和性质、建设地区的自然条件和技术经济条件及企业收集的其他资料等作为编制依据。主要应包括下述各点。

(1) 工程施工招标文件、经复核的工程量清单及开工、竣工的日期要求。

(2) 施工组织总设计对所投标工程的有关规定和安排。

(3) 施工图纸及设计单位对施工的要求。

(4) 建设单位可能提供的条件和水、电等的供应情况。

(5) 各种资源的配备情况，如机械设备来源、劳动力来源等。

(6) 施工现场的自然条件、现场施工条件和技术经济条件等资料。

(7) 有关现行规范、规程等资料。

3.2.3 施工组织设计文件的编制程序

施工组织设计文件是施工企业控制和指导施工的文件，必须结合工程实体，保证内容科学合理。在编制前应会同各有关部门及人员，共同讨论和研究施工的主要技术措施和组织措施。施工组织设计文件的编制程序如图 3-2 所示。

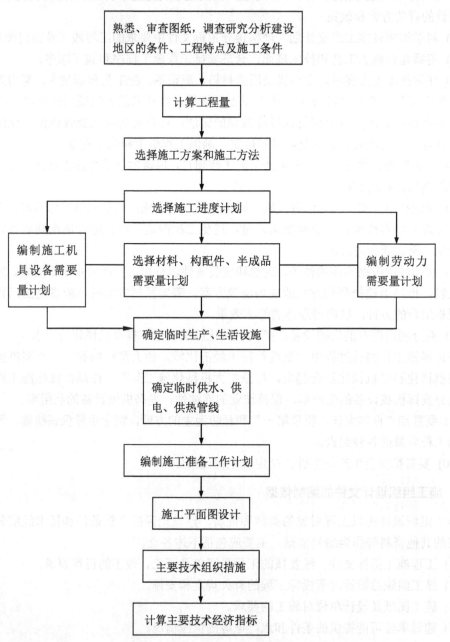

图 3-2　施工组织设计的编制程序

3.2.4　施工组织设计文件的主要内容

施工组织设计文件的主要内容包括工程概况、施工方案、施工进度计划、施工平面图和各项保证措施等。

投标文件中的施工组织设计一般应包括：综合说明；施工现场平面布置；项目管理班子、主要管理人员；劳动力计划；施工进度计划；施工进度、施工工期保证措施；主要施工机械设备；基础施工方案和方法；基础质量保证措施；基础排水和防沉降措施；地下管线、地上设施、周围建筑物保护措施；主体结构主要施工方法、方案和措施；主体结构质量保证措施；采用的新技术、新工艺、专利技术；各种管道、线路等非主体结构质量保证措施；各工序的协调措施；冬雨季施工措施；施工安全保证措施；现场文明施工措施；施工现场保护措施；施工现场维护措施；工程交验后的服务措施等内容。

3.2.5　注意问题

在投标阶段编制的进度计划不是施工阶段的工程施工计划，可以粗略一些。一般用横道图表示即可，除了招标文件专门规定必须用网络图以外，不一定采用网络计划，但应考虑和满足以下要求。

(1) 总工期符合招标文件的要求，如果合同要求分期、分批竣工交付使用，应标明分期、分批交付使用的时间和数量。

(2) 表明各项主要工程的开始和结束时间。例如，房屋建筑中的土方工程、基础工程、混凝土结构工程、屋面工程、装修工程、水电安装工程等的开始和结束时间。

(3) 体现主要工序相互衔接的合理安排。

(4) 基本上均衡地安排劳动力，尽可能避免现场劳动力数量急剧起落，以提高工效、节省临时设施。

(5) 充分有效地利用施工机械设备，减少机械设备占用周期。

(6) 便于编制资金流动计划，有利于降低流动资金占用量，节省资金利息。

3.3　建设工程施工投标报价

3.3.1　工程施工投标报价的编制标准

工程报价是投标工作的关键性部分，也是整个投标工作的核心。它不仅是能否中标的关键，而且对中标后的盈利多少，在很大程度上起着决定性的作用。

1. 工程投标报价的编制原则

(1) 必须贯彻执行国家的有关政策和方针，符合国家的法律、法规和公共利益。

(2) 必须认真贯彻等价有偿的原则。

(3) 工程投标报价的编制必须建立在科学分析和合理计算的基础之上，要较为准确地反映工程价格。

2. 影响投标报价计算的主要因素

认真计算工程价格，编制好工程报价是一项很严肃的工作。采用何种计算方法进行计价应视工程招标文件的要求而定，但不论采用哪一种方法都必须抓住下述编制报价的主要因素。

(1) 工程量。工程量是计算报价的重要依据。多数招标单位在招标文件中均附有工程实物量，此时，投标方必须进行全面的或者重点的复核工作，核对项目是否齐全、工程做法及用料是否与图纸相符，重点核对工程量是否正确，以求工程量数字的准确性和可靠性，在此基础上再进行套价计算。如果标书中根本没有给出工程量数字，在这种情况下投标就要组织有关人员进行详细的工程量计算工作，即使时间很紧迫也必须进行计算。否则，会影响报价的编制。

(2) 单价。工程单价是计算标价的又一个重要依据，也是构成标价的第二个重要因素。单价的正确与否，直接关系到标价的高低，因此，必须十分重视工程单价的制定或套用工作。制定的根据：一是国家或地方规定的预算定额、单位估价表及设备价格等；二是人工、材料、机械使用费的市场价格。

(3) 其他各类费用的计算。这是构成报价的第三个主要因素。这个因素占总报价的比重是很大的，少者占 20%～30%，多者占 40%～50%，因此，应重视其计算工作。

为了简化计算，提高工效，可以把所有的各种费用都折算成一定的系数计入工程报价中。计算出直接费后再乘以这个系数就可以得出总报价了。

工程报价计算出来以后，可以用多种方法进行复核和综合分析，然后认真详细地分析风险、利润、报价让步的最大限度，而后参照各种信息资料以及预测的竞争对手情况，最终确定实际报价。

3.3.2　工程施工投标报价

1. 投标报价的费用构成

投标报价的费用构成主要包括直接费、间接费、利润、税金以及不可预见费等。

直接费包括直接工程费和措施费等。直接工程费是指在工程施工中耗费的构成工程实体的各项费用，包括人工费、材料费和施工机械使用费。措施费是指为完成工程项目施工，发生于该工程施工前和施工过程中非工程实体项目的费用。

间接费包括规费和企业管理费等。规费是指政府有关权力部门规定必须缴纳的费用。企业管理费是指施工企业组织施工生产和经营管理所需费用。

利润和税金是指按照国家有关部门的规定，工程施工企业在承担施工任务时应计取的利润，以及按规定应计入工程造价内的营业税、城市建设维护税和教育费附加。工程报价的费用构成如图 3-3 所示。

2. 各项费用的计算

1) 直接费

直接费由直接工程费、措施费组成。

(1) 直接工程费。

直接工程费是指施工过程中耗费的构成工程实体的和有助于工程形成的各项费用，包括人工费、材料费和施工机械使用费。

① 人工费。人工费是指直接从事建筑安装工程施工的生产工人开支的各项费用。构成人工费的基本要素有两个，即人工工日消耗量和日工资单价。

a. 预算定额中的人工工日消耗量。预算定额中的人工工日消耗量是指在正常施工生产条件下，生产单位假定建筑安装产品(即分部分项工程或结构件)必须消耗的某种技术等级的人工工日数量。

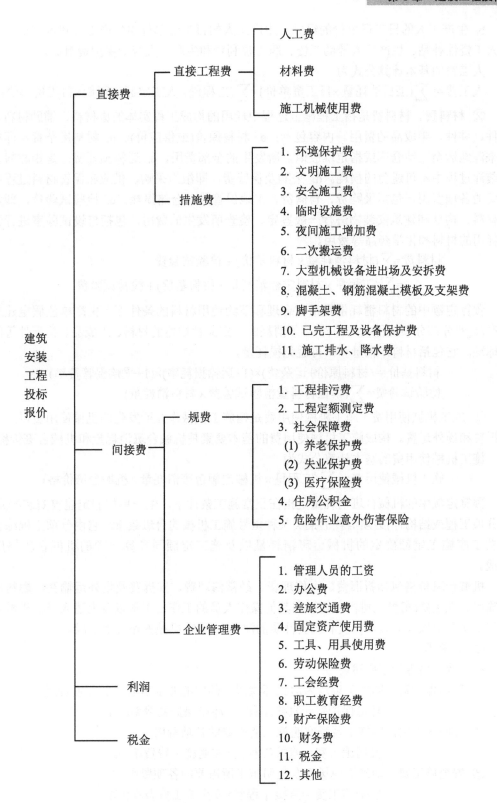

图 3-3　工程报价的费用构成

b. 生产工人的日工资单价的组成。生产工人的日工资单价由生产工人基本工资、生产工人工资性补贴、生产工人辅助工资、职工福利费和生产工人劳动保护费组成。

人工费的基本计算公式为

$$人工费 = \sum (工日消耗量 \times 日工资单价) = \sum (工程量 \times 人工定额消耗量 \times 日工资单价)$$

② 材料费。材料费是指工程施工过程中耗用的构成工程实体的原材料、辅助材料、构配件、零件、半成品的费用。内容包括：a. 材料原价(或供应价)。b. 材料运杂费，即材料自来源地运至工地仓库或指定堆放地点所发生的全部费用。c. 运输损耗费：是指材料在运输装卸过程中不可避免的损耗。d. 采购及保管费，即组织采购、供应和保管材料过程中所需要的各项费用，包括采购费、仓储费、工地保管费、仓储损耗。e. 检验试验费，即对建筑材料、构件和建筑安装物进行一般鉴定、检查所发生的费用，包括自设试验室进行试验所耗用的材料和化学药品等费用。

$$材料费 = \sum (材料消耗量 \times 材料基价) + 检验试验费$$
$$= \sum (工程量 \times 材料定额消耗量 \times 材料基价) + 检验试验费$$

预算定额中的材料消耗量是指在合理和节约使用材料的条件下，生产单位假定建筑安装产品(即分部分项工程或结构件)必须消耗的一定品种规格的材料、半成品、构配件等的数量标准。它包括材料净耗量和不可避免损耗量。

$$材料基价 = (材料原价 + 运杂费) \times (1 + 运输损耗率) \times (1 + 采购保管费率)$$
$$检验试验费 = \sum (单位材料量检验试验费 \times 材料消耗量)$$

③ 施工机械使用费。施工机械使用费是指施工机械作业所发生的机械使用费以及机械安拆费和场外运费。构成施工机械使用费的基本要素是机械台班消耗量和机械台班价格。

施工机械使用费的基本计算公式为

$$施工机械使用费 = \sum (工程量 \times 机械定额台班消耗量 \times 机械台班价格)$$

预算定额中的机械台班消耗量是指在正常施工条件下，生产单位假定建筑安装产品(分部分项工程或结构件)必须消耗的某类某种型号施工机械的台班数量。它由分项工程综合的有关工序施工定额确定的机械台班消耗量以及施工定额同预算定额的机械台班幅度差组成。

机械台班价格包括折旧费、大修理费、经常修理费、安拆费及场外运输费、燃料动力运输费、人工费(指机上司机、司炉和其他操作人员的工作日工资以及上述人员在机械规定的年工作台班以外的基本工资和工资性质的津贴)、运输机械养路费等组成。

(2) 措施费。

措施费的内容如下所述。

① 环境保护费，即施工现场为达到环境保护部门的要求所需要的各项费用。

$$环境保护费 = 直接工程费 \times 环境保护费费率(\%)$$

② 文明施工费，即施工现场文明施工所需要的各项费用。

$$文明施工费 = 直接工程费 \times 文明施工费费率(\%)$$

③ 安全施工费，即施工现场安全文明施工所需要的各项费用。

$$安全施工费 = 直接工程费 \times 安全施工费费率(\%)$$

④ 临时设施费，即施工企业为进行建筑工程施工所必须搭设的生活和生产用的临时建

筑物、构筑物和其他临时设施费用等。

临时设施包括临时宿舍、文化福利及公用事业房屋与构筑物，以及仓库、办公室、加工厂以及规定范围内道路、水、电、管线等临时设施和小型设施。

临时设施费用包括临时设施的搭设、维修、拆除费或摊销费。

临时设施费由三部分组成：周转使用临建(如活动房屋)、一次性使用临建(如简易建筑)和其他临时设施(如临时管线)。

临时设施费＝(周转使用临建费+一次使用临建费)×(1+其他临建设施所占比例(%))

⑤ 夜间施工增加费，即因夜间施工所发生的夜班补助费、夜间施工降效、夜间施工设备摊销及照明用电等费用。

夜间施工增加费＝(1-合同工期/定额工期)×直接工程费中的人工费合计

×每工日夜间施工费开支/平均日工资单价

⑥ 二次搬运费，即因施工场地狭小等特殊情况而发生的二次搬运费用。

二次搬运费＝直接工程费×二次搬运费费率(%)

⑦ 大型机械设备进出场及安拆费，即机械整体或分体自停放场地运至施工现场或由一个施工地点运至另一个施工地点，所发生的机械进出场运输转移费用及机械在施工现场进行安装、拆卸所需的人工费、材料费、机械费、试运转费和安装所需的辅助设施的费用。

大型机械设备进出场及安拆费＝一次进出场及安拆费×年平均安拆次数/年工作台班

⑧ 混凝土、钢筋混凝土模板及支架费，即混凝土施工过程中需要的各种钢模板、木模板、支架等的支、拆、运输费用及模板、支架的摊销(或租赁)费用。

a. 模板及支架费＝模板摊销量×模板价格+支、拆、运输费

摊销量＝一次使用量×(1+施工损耗率)×[1+(周转次数-1)×补损率/周转次数

-(1-补损率)50%/周转次数]

b. 租赁费＝模板使用量×使用日期×租赁价格+支、拆、运输费

⑨ 脚手架费，即施工需要的各种脚手架搭、拆、运输费用及脚手架的摊销(或租赁)费用。

a. 脚手架搭拆费＝脚手架摊销量×脚手架价格+支、拆、运输费

脚手架摊销量＝单位一次使用量×(1-残值率)/耐用期÷一次使用期

b. 租赁费＝脚手架每日租金×搭设周期+支、拆、运输费

⑩ 已完工程及设备保护费，即竣工验收前，对已完工程及设备进行保护所需费用。

已完工程及设备保护费＝成品保护所需机械费+材料费+人工费

⑪ 施工排水、降水费，即为确保工程在正常条件下施工，采取各种排水、降水措施所发生的各种费用。

施工排水、降水费＝∑排水降水机械台班×排水降水周期

+排水降水用材料费、人工费

2) 间接费

(1) 间接费的组成。间接费由规费和企业管理费组成。

① 规费，包括以下内容。

a. 工程排污费，即施工现场按规定缴纳的工程排污费。

b. 工程定额测定费，即按规定支付工程造价(定额)管理部门的定额测定费。

c. 社会保障费：包括养老、失业和医疗保险费。

养老保险费，即企业按照国家规定标准为职工缴纳的基本养老保险费。

失业保险费，即企业按照国家规定标准为职工缴纳的失业保险费。

医疗保险费，即企业按照国家规定标准为职工缴纳的基本医疗保险费。

d. 住房公积金，即企业按照国家规定标准为职工缴纳的住房公积金。

e. 危险作业意外伤害保险，即按照建筑法规定，企业为从事危险作业的建筑安装施工人员支付的意外伤害保险费。

② 企业管理费，包括以下内容。

a. 管理人员的工资，即管理人员的基本工资、工资性补贴、职工福利费、劳动保护费。

b. 办公费，即企业管理办公用的文具、纸张、账表、印刷、邮电、书报、会议、水电、烧水和集体取暖(包括现场临时宿舍取暖)用煤等费用。

c. 差旅交通费，即职工因公出差、调动工作的差旅费、住勤补助费，市内交通费和误餐补助费，职工探亲路费，劳动力招募费，职工离退休、退职一次性路费，工伤人员就医路费，工地转移费以及管理部门使用的交通工具的油料、燃料、养路费及牌照费。

d. 固定资产使用费，即管理和试验部门及附属生产单位使用的属于固定资产的房屋、设备仪器等的折旧、大修、维修或租赁费。

e. 工具、用具使用费，即管理使用的不属于固定资产的生产工具、器具、家具、交通工具和检验、试验、测绘、消防用具等的购置、维修和摊销费。

f. 劳动保险费，即由企业支付离退休职工的异地安家补助费、职工退职金、六个月以上的病假人员工资、职工死亡丧葬补助费、抚恤费、按规定支付给离休干部的各项经费。

g. 工会经费，即企业按职工工资总额计提的工会经费。

h. 职工教育经费，即企业为使职工学习先进技术和提高文化水平，按职工工资总额计提的费用。

i. 财产保险费，即施工管理用财产、车辆保险费。

j. 财务费，即企业为筹集资金而发生的各种费用。

k. 税金，即企业按规定缴纳的房产税、车船使用税、土地使用税、印花税等。

l. 其他，包括技术转让费、技术开发费、业务招待费、绿化费、广告费、公证费、法律顾问费、审计费、咨询费等。

(2) 间接费的计算。间接费的计算方法按取费基数的不同可分为以下三种。

① 以直接费为计算基础

$$间接费＝直接费合计×间接费费率(\%)$$

② 以人工费和机械费合计为计算基础

$$间接费＝人工费和机械费合计×间接费费率(\%)$$

③ 以人工费为计算基础

$$间接费＝人工费合计×间接费费率(\%)$$

$$间接费费率＝规费费率(\%)+企业管理费费率(\%)$$

3) 利润

利润是指施工企业完成所承包工程获得的盈利。

4) 税金

税金是指国家税法规定的应计入建筑安装工程造价内的营业税、城乡建设维护税及教育费附加。

营业税的税额为营业额的 3%。其中营业额是指从事建筑、安装、修缮、装饰及其他工程作业收取的全部收入，还包括建筑、修缮、装饰工程所用原材料及其他物资和动力的价款，当安装设备的价值作为安装工程产值时，亦包括所安装设备的价款。但建筑业的总承包人将工程分包给他人的，其营业额中不包括付给分包人的价款。

城乡维护建设税原名城市维护建设税，它是国家为了加强城乡的维护建设，扩大和稳定城市、乡镇维护建设资金来源，而对有经营收入的单位和个人征收的一种税。

城乡维护建设税的纳税人所在地为市区的，按营业税的 7%征收；所在地为县镇的，按营业税的 5%征收；所在地为农村的，按营业税的 1%征收。

对建筑安装企业征收的教育费附加，税额为营业税的 3%。

3. 工程投标报价计算的依据

(1) 招标文件，包括工程范围、质量、工期要求等。

(2) 施工图设计图纸和说明书、工程量清单。

(3) 施工组织设计。

(4) 现行的国家、地方的概算指标或定额和预算定额、取费标准、税金等。

(5) 材料预算价格、材差计算的有关规定。

(6) 工程量计算的规则。

(7) 施工现场条件。

(8) 各种资源的市场信息及企业消耗标准或历史数据等。

3.3.3　工程施工投标报价的编制方法

1. 工程量清单计价模式下的报价编制

根据 2008 年版的《建设工程工程量清单计价规范》[GB 50500—2008]进行投标报价，并依据招标人在招标文件中提供的工程量清单来计算投标报价。

1) 工程量清单计价的投标报价的构成

工程量清单计价的投标报价应包括按招标文件规定完成工程量清单所列项目需要的全部费用，包括分部分项工程费、措施项目费、其他项目费、规费和税金。

$$工程报价＝分部分项工程费+措施项目费+其他项目费+规费+税金$$

工程量清单应采用综合单价计价。综合单价是指完成一个规定计量单位的工程所需的人工费、材料费、机械使用费、管理费和利润，并考虑风险因素。

(1) 分部分项工程费是指完成"分部分项工程量清单"项目所需的工程费用。

投标人应根据企业自身的技术水平、管理水平和市场情况填报分部分项工程量清单计价表中每个分项的综合单价，每个分项的工程数量与综合单价的乘积即为合价，再将合价汇总就是分部分项工程费。

(2) 措施项目费用是指为完成工程项目施工，发生于该工程施工前和施工过程中技术、生活、安全等方面的非工程实体项目所需的费用。措施项目如表 3-3 所示。

表 3-3　措施项目一览表

序　号	项目名称
1　通用项目	
1.1	环境保护
1.2	文明施工
1.3	安全施工
1.4	临时设施
1.5	夜间施工
1.6	二次搬运
1.7	大型机械设备进出场及安拆
1.8	混凝土、钢筋混凝土模板及支架
1.9	脚手架
1.10	已完工程及设备保护
1.11	施工排水、降水
2　建筑工程	
2.1	垂直运输机械
3　装饰装修工程	
3.1	垂直运输机械
3.2	室内空气污染测试
4　安装工程	
……	……
5　市政工程	

其金额应根据拟建工程的施工方案或施工组织设计及其综合单价确定。

(3) 其他项目费是指分部分项工程费和措施项目费以外的在工程项目施工过程中可能发生的其他费用。其他项目清单包括招标人部分和投标人部分。

① 招标人部分：预留金、材料购置费等。这是招标人按照估算金额确定的。

预留金指招标人为可能发生的工程量变更而预留的金额。

② 投标人部分：总承包服务费、零星工作项目费等。

总承包服务费是指为配合协调招标人进行的工程分包和材料采购所需的费用，其应根据招标人提出的要求所发生的费用确定。零星工作项目费是指完成招标人提出的、不能以实物量计量的零星工作项目所需的费用，其金额应根据"零星工作项目计价表"确定。

(4) 规费和税金。规费是政府部门规定必须要缴纳的费用。

税金是指企业发生的除企业所得税和允许抵扣的增值税以外的企业缴纳的各项税金及其附加。即建筑企业按规定缴纳的营业税、城乡维护建设税、教育费附加等。

2) 工程量清单计价投标报价表的编制

(1) 封面及扉页分别如图 3-4 和图 3-5 所示。

_____工程

工程量清单报价表

投标人：_____(单位签字盖章)

法定代表人：_____(签字盖章)

造价工程师及注册证书号：_____(签字盖执业专用章)

编制时间：_____

图 3-4　封面

投 标 总 价

建设单位： _____

工程名称： _____

投标总价(小写)： _____

　　　　(大写)： _____

投标人： _____(单位签字盖章)

法定代表人： _____(签字盖章)

编制时间： _____

图 3-5　扉页

(2) 工程项目总价表如表 3-4 所示。

表 3-4 工程项目总价表

工程名称：　　　　　　　　　　　　　　　　　　　　　　　　　　第　页共　页

序　号	单项工程名称	金额(元)
	合计	

(3) 单项工程费汇总表如表 3-5 所示。

表 3-5 单项工程费汇总表

工程名称：　　　　　　　　　　　　　　　　　　　　　　　　　　第　页共　页

序　号	单位工程名称	金额(元)
	合计	

(4) 单位工程费汇总表如表 3-6 所示。

表 3-6 单位工程费汇总表

工程名称：　　　　　　　　　　　　　　　　　　　　　　　　　　第　页共　页

序　号	项目名称	金额(元)
1	分部分项工程量清单计价合计	
2	措施项目清单计价合计	
3	其他项目清单计价合计	
4	规费	
5	税金	
	合计	

(5) 分部分项工程量清单计价表如表 3-7 所示。

表 3-7 分部分项工程量清单计价表

工程名称：　　　　　　　　　　　　　　　　　　　　　　　　　　第　页共　页

序　号	项目编码	项目名称	计量单位	工程数量	金额(元)	
					综合单价	合　价
		本页合计				
		合计				

(6) 措施项目清单计价表如表 3-8 所示。

表 3-8 措施项目清单计价表

工程名称： 第 页共 页

序 号	项目名称	金额(元)
	合计	

(7) 其他项目清单计价表如表 3-9 所示。

表 3-9 其他项目清单计价表

工程名称： 第 页共 页

序 号	项目名称	金额(元)
1	招标人部分	
	小计	
2	投标人部分	
	小计	
	合计	

(8) 零星工作项目计价表如表 3-10 所示。

表 3-10 零星工作项目计价表

工程名称： 第 页共 页

序 号	名 称	计量单位	数 量	金额(元)	
				综合单价	合价
1	人工				
	小计				
2	材料				
	小计				
3	机械				
	小计				
	合计				

(9) 分部分项工程量清单综合单价分析表如表 3-11 所示。

表 3-11 分部分项工程量清单综合单价分析表

工程名称： 第 页共 页

序 号	项目编码	项目名称	工程内容	综合单价组成					综合单价
				人工费	材料费	机械使用费	管理费	利 润	

(10) 措施项目费分析表如表 3-12 所示。

表 3-12　措施项目费分析表

工程名称：　　　　　　　　　　　　　　　　　　　　　　　第　页共　页

序　号	措施项目名称	单　位	数　量	金额(元)					
				人工费	材料费	机械使用费	管理费	利　润	小　计
	小计								

(11) 主要材料价格表如表 3-13 所示。

表 3-13　主要材料价格表

工程名称：　　　　　　　　　　　　　　　　　　　　　　　第　页共　页

序　号	材料编码	材料名称	规格、型号等特殊要求	单位	单价(元)

3) 工程量清单计价格式填写规定

(1) 工程量清单计价格式应由投标人填写。

(2) 封面应按规定内容填写、签字、盖章。

(3) 投标总价应按工程项目总价表合计金额填写。

(4) 工程项目总价表。

① 表中单项工程名称应按单项工程费汇总表的工程名称填写。

② 表中金额应按单项工程费汇总表的合计金额填写。

(5) 单项工程费汇总表。

① 表中单位工程名称应按单位工程费汇总表的工程名称填写。

② 表中金额应按单位工程费汇总表的合计金额填写。

(6) 单位工程费汇总表中的金额应分别按照分部分项工程量清单计价表、措施项目清单计价表和其他项目清单计价表的合计金额及按有关规定计算的规费、税金填写。

(7) 分部分项工程量清单计价表中的序号、项目编码、项目名称、计量单位、工程数量必须按分部分项工程量清单中的相应内容填写。

(8) 措施项目清单计价表。

① 表中的序号、项目名称必须按措施项目清单中的相应内容填写。

② 投标人可根据施工组织设计采取的措施增加项目。

(9) 其他项目清单计价表。

① 表中的序号、项目名称必须按其他项目清单中的相应内容填写。

② 招标人部分的金额必须按招标人提出的数额填写。

(10) 零星工作项目计价表。

表中的人工、材料、机械名称、计量单位和相应数量应按零星工作项目表中相应的内容填写，工程竣工后的零星工作费应按实际完成的工程量所需费用结算。

(11) 分部分项工程量清单综合单价分析表和措施项目费分析表，应由招标人根据需要提出要求后填写。

(12) 主要材料价格表。

① 招标人提供的主要材料价格表应包括详细的材料编码、材料名称、规格型号和计量单位等。

② 所填写的单价必须与工程量清单计价中采用的相应材料的单价一致。

2. 定额计价方式下投标报价的编制

工程报价表一般采用预算定额来编制,即按照定额规定的分部分项工程子目逐项计算工程量,套用预算定额基价或当时当地的市场价格确定直接费,然后再套用费用定额计取各项费用,最后汇总形成初步的标价。

工程报价表一般包括以下几种。

1) 报价汇总表(见表 3-14)

表 3-14　报价汇总表

工程名称：　　　　　　　　　　　　　　　　　　　　　　第　页共　页

序　号	汇总内容	金额(元)
	合计	

投标单位：(盖章)

法定代表人：(签字、盖章)

2) 单项工程费汇总表(见表 3-15)

表 3-15　单项工程费汇总表

工程名称：　　　　　　　　　　　　　　　　　　　　　　第　页共　页

序　号	单位工程名称	金额(元)
	合计	

投标单位：(盖章)

法定代表人：(签字、盖章)

3) 设备报价表(见表 3-16)

表 3-16　设备报价表

第　页共　页

序　号	设备名称及规格	单　位	出厂价	运杂费	合　价	备　注
合计						

4) 建筑安装工程费用表

(1) 以直接费为计算基础的建筑安装工程费用表如表 3-17 所示。

表 3-17 建筑安装工程费用表(1)

序　号	费用项目	计算方法	备　注
1	直接工程费	按预算表	
2	措施费	按规定标准计算	
3	小计	1+2	
4	间接费	3×相应费率	
5	利润	(3+4)×相应利润率	
6	合计	3+4+5	
7	含税造价	6×(1+相应税率)	

(2) 以人工费和机械费为计算基础的建筑安装工程费用表如表 3-18 所示。

表 3-18 建筑安装工程费用表(2)

序　号	费用项目	计算方法	备　注
1	直接工程费	按预算表	
2	其中人工费和机械费	按预算表	
3	措施费	按规定标准计算	
4	其中人工费和机械费	按规定标准计算	
5	小计	1+3	
6	人工费和机械费小计	2+4	
7	间接费	6×相应费率	
8	利润	6×相应利润率	
9	合计	5+7+8	
10	含税造价	9×(1+相应税率)	

(3) 以人工费为计算基础的建筑安装工程费用表如表 3-19 所示。

表 3-19 建筑安装工程费用表(3)

序　号	费用项目	计算方法	备　注
1	直接工程费	按预算表	
2	直接工程费中人工费	按预算表	
3	措施费	按规定标准计算	
4	措施费中人工费	按规定标准计算	
5	小计	1+3	
6	人工费小计	2+4	
7	间接费	6×相应费率	
8	利润	6×相应利润率	
9	合计	5+7+8	
10	含税造价	9×(1+相应税率)	

3.4 建设工程投标决策和投标策略

3.4.1 建设工程投标决策

投标决策是投标活动中的重要环节,关系到投标人能否中标及中标后的经济效益,所以应该引起高度重视。

1. 内容和分类

建设工程投标决策的内容一般来说主要包括两个方面:一方面是为是否参加投标进行决策,另一方面是为如何进行投标进行决策。

在获取招标信息之后,承包商决定是否投标,应综合考虑下述几方面的情况。

(1) 承包招标项目的可能性与可行性。即是否有能力承包该项目,能否抽调出管理力量、技术力量参加项目实施,竞争对手是否有明显优势等。

(2) 招标项目的可靠性。例如,项目审批是否已经完成,资金是否已经落实等。

(3) 招标项目的承包条件。

(4) 影响中标机会的内部、外部因素等。

一般来说,对于下列招标项目承包商应该放弃投标。

(1) 工程规模、技术要求超过本企业技术等级的项目。

(2) 本企业业务范围和经营能力之外的项目。

(3) 本企业已承包任务比较饱满,而招标工程是风险较大的项目。

(4) 本企业技术等级,经营、施工水平明显不如竞争对手的项目。

如果确定投标,则应根据工程的具体情况确定投标策略。

2. 建设工程投标决策的依据

在建设工程投标过程中,有多种因素影响着投标决策,只有认真分析各种因素,对多方面的因素进行综合考虑,才能作出正确的投标决策。一般来说,进行投标决策时应考虑以下两个方面的因素。

1) 投标人自身方面的因素

自身方面的因素包括技术方面的实力、经济方面的实力、管理方面的实力,以及信誉方面的实力等。

2) 外部因素

外部因素包括业主和监理工程师的情况、竞争对手实力和竞争形势情况、法律法规情况、工程风险情况等。

3.4.2 建设工程投标策略

1. 投标策略的含义

投标策略,也称投标决策,是指企业在投标活动中采取的对策以及所进行的各项决策工作。投标策略包括两个主要方面:一是基于企业能力及竞争环境,为实现企业经营目标,对投标工程的选择；二是工程项目的具体投标策略，如标价、工期等。前者是从企业的角度考虑，后者是从某一工程的角度考虑。

2. 企业承包能力分析

建筑企业在作出承包决策之前，首先要估量自身的能力，方能知己知彼、百战百胜。这就需要分析企业经营能力和必需的经营规模。

1) 企业经营能力分析

经营能力是指企业占有资源所能形成的生产经营规模，建筑企业一般用施工产值表示。一定时期施工产值的水平是建筑企业经营规模的标志，常用以下指标表示。

$$固定资产产值率 = \frac{施工产值}{施工用固定资产平均原值}$$

$$流动资金周转次数 = \frac{施工产值}{施工用流动资金平均占用额}$$

$$全员劳动生产率 = \frac{施工产值}{生产经营平均人数}$$

依据上述三项指标，按企业实际拥有的固定资产、流动资金、职工人数，便可测算出企业在一定时期内的经营能力。

在上述指标计算公式中，施工用固定资产平均原值和施工用流动资金平均占用额，是指企业投入施工生产过程的资金数额，不含闲置的资金；生产经营平均人数，是指选入施工生产经营活动的职工人数，不含服务人员及其他非生产经营人员。

分析企业经营能力的目的，在于根据企业过去的经营能力的变化趋势，判断企业在今后一定时期内承包工程的能力，以便在投标中恰当地选择投标工程。

2) 企业保本经营规模分析

经营能力分析，只解决了企业拥有资源所具备的承包能力，但无法知道企业的盈利状况，所以要进一步分析企业的保本经营规模，即企业不亏损的最低经营规模。

保本经营规模可以用量—本—利法分析。前面已经谈到，建筑企业的经营规模可用施工产值表示。按照我国现行施工产值的统计方法，施工产值的内容与建筑产品价格的内容基本一致，即

$$施工产值 = 工程造价 = 直接费 + 间接费 + 利润 + 税金$$

在标价中还应包括风险费，但风险费分属直接费、间接费或利润，故未单独列出。为了计算简便，可将税金视为成本，再把工程总成本分解为固定成本和变动成本，则可将上式改写成：

$$施工产值 = 固定成本 + 变动成本 + 利润$$

很明显，施工产值是企业总收入，固定成本和变动成本是企业总支出，按量—本—利分析原理，能够得到以下公式：

$$PQ_0 = F + C_v Q_0 + L$$

式中：P ——单位工程量价格；

Q_0 ——一定时期实物工程量；

F ——一定时期固定成本；

C_v——单位工程量的变动成本;

L ——一定时期利润。

3. 选择投标对象的策略

1) 定性分析法

建筑企业在分析招标信息的基础上,发现了投标对象,但并不是每一项工程都要去投标,应该选择一些较有把握的工程项目。选择投标对象,主要应考虑下述各种因素。

(1) 企业的经营能力。中标的企业应该具有相应的承包能力,包括资金、技术、人员等。投标前应考虑工程的规模和要求,不宜选择超过企业经营能力的工程。

(2) 企业的经营需要。企业经营业务的状况,任务的饱满程度,对工程需求的迫切程度。

(3) 中标的可能性。了解可能参加竞争的对手,分析对手的竞争能力,估计本企业中标的可能性。

(4) 工程条件。工程条件可从以下几点加以分析。

① 工程的获利前景。分析工程中标后企业盈利的可能水平。

② 工程的影响程度。分析工程建成后,在社会上可能产生的影响。

③ 建设单位的信用。分析建设单位的信用程度,避免中标后可能出现的纠纷。

④ 施工条件。如道路、场地、气象、水文地质、运输能力、协作能力、材料市场等,这些对施工管理和工程成本都有影响。

(5) 时间要求。编制标书需要一定的时间,时间紧张势必影响估价的准确性,进而影响企业利润。时间紧,则不宜草率投标。

对上述因素全面分析后,如果条件好,可考虑参加投标;如果条件不理想,则不应参加投标,或适当提高标价投标,以减少中标后可能带来的风险。

2) 定量分析法

(1) 综合评分法。此方法和多目标决策中的评分法的原理相同,就是将投标工程定性分析的各个因素,通过评分转化为定量问题,计算综合得分,用以衡量投标工程的条件。下面举例说明。

例:某企业拟对一项招标工程进行定量分析,以确定是否参加投标。

解:用综合评分法对前述五个因素评分。①对每个因素视其重要程度给出一个权数,如表 3-20 所示; ②将各因素分为三等,分别评为 10 分、5 分、0 分;③计算综合得分,评价工程的投标条件。

表 3-20 投标评价表

评价因素	权数	评分			得分
		好(10 分)	一般(5 分)	差(0 分)	
1. 经营能力	0.25	10	—	—	2.5
2. 经营需要	0.20	—	5	—	1.0
3. 中标可能性	0.25	10	—	—	2.5
4. 工程条件	0.15	—	—	0	0
5. 时间要求	0.15	—	5	—	0.75
合计	1.00				6.75

从表 3-20 的评分过程可以看出，投标条件最好的为 10 分，但这种情况很少。实际工作中，经常根据经验确定一个参加投标的标准分数线，高于此线就参加投标。假定该企业定的投标标准分数线为 6.5 分，则上例工程可以考虑参加投标。

(2) 期望值法。企业投标一般都比较注重经济效益，期望值法是以经济效益为目标对投标工程进行选择的方法。

例：某企业拟在 A、B、C 三个工程中选择一项进行投标，各种资料如表 3-21 所示，试决策应选择哪个项目投标？

解：用风险型决策中的数学期望值法，计算各工程收益的数学期望值(见表 3-21)，经比较，应选择 C 工程投标。此时，企业可能获得 11.10 万元的收益值。

表 3-21　期望值计算表

工程名称	未来状态下的收益值(万元)		期望值
	中标(0.4)	不中标(0.6)	(万元)
A	20	−0.5	7.70
B	25	−0.8	9.52
C	30	−1.5	11.10

4. 投标报价的策略

建筑工程投标的竞争，报价是关键。报价过低，则无利可图，甚至会导致承包企业亏损；报价过高，中标率就会降低，从而失去竞争性。因此，能否准确计算和合理确定报价，是力争夺标的重要前提。

1) 报价构成分析

工程报价的概念和工程如何确定前已述及，下面仅就风险费用和工程利润进行简要的分析。

(1) 风险费用，又称不可预见费，是指承包企业对一项具体工程施工中可能发生风险的估价。风险费估价太大会降低中标概率；风险费估价太小，一旦发生风险，就会使企业利润降低，甚至亏损。因此，确定风险费是一个非常复杂的问题。一般情况下，通常需要考虑的因素有：工程成本估价精确程度；工程量计算准确程度；施工中自然环境的不测因素；市场竞争中价格波动的风险；工程项目的技术复杂程度；对工程的熟练程度；工期长短情况；建设单位的社会和商业信誉及其合作关系等。

(2) 工程利润的确定。在投标报价中，如何合理确定利润，不仅要考虑在投标竞争中获胜，还要考虑争取获得满意利润这个经营目标。因此，在确定某项工程的利润目标时，要视竞争对手的情况、工期、环境、风险和投标企业对招标工程的"积极性"，在各行业平均利润率的基础上来综合确定工程利润的高低。

2) 投标报价策略

投标报价策略是指承包企业在投标竞争中的指导思想，与系统工作部署及投标竞争的方式和手段。投标报价策略作为投标取胜的方式、手段和艺术，贯穿于投标竞争的始终，内容十分丰富，但主要体现在报价上。投标报价策略有以下几种。

(1) 以信取胜。这是依靠企业长期形成的社会信誉，利用技术和管理上的优势，以及优良的工程质量和服务措施、合理的价格和工期等因素争取中标。

(2) 以快取胜。通过采取有效的措施缩短施工工期，并能保证进度计划的可行性与合理性，从而使招标工程早投产、早收益，以吸引业主。

(3) 以廉取胜。其前提是保证工程质量，这对业主一般都具有较强的吸引力。从投标单位的角度出发，采取这一策略也可能有长远考虑，即通过降低投标报价来扩大任务来源，从而降低固定成本在各个工程的摊销比例，如此既能降低工程成本，又为降低新投标工程的承包价格创造了条件。

(4) 靠改进建设方案取胜。通过仔细研究原设计图纸，若发现有明显不合适之处，可以提出改进设计的建议和能切实降低造价的措施。在这种情况下，一般先按原设计报价，再按建议的方案报价。

(5) 采用以退为进策略取胜。当发现招标文件中有不确定之处并有可能据此提出索赔时，可以通过报低价先争取中标，再寻找索赔机会。采取这一策略一般要在索赔事务方面具有相当成熟的经验。

投标报价中还有许多具体的策略和技巧，投标单位应根据具体情况灵活地加以运用。

【案例分析】

通过本章的学习，我们不难找到"导入案例"中所提问题的答案。

(1) 对F公司不评定，按照《招标投标法》，对逾期送达的投标文件可视为废标，应予拒收；对G公司不评定，按《招标投标法》，对未密封的投标文件也可视为废标。

(2) A公司的做法不妥，因为A公司与D公司是总分包关系，A公司对D公司的施工质量问题承担连带责任，故A公司有责任配合监理工程师的检验要求。

(3) A公司的要求不合理，应由业主而非监理公司承担由此发生的全部费用，并顺延所影响的工期。

(4) 监理工程师应予签认，业主供应的材料设备提前进场，导致保管费用增加，属发包人责任，故应由业主承担因此发生的保管费用。

(5) C公司提出的要求不合理，C公司不应直接向业主提出采购要求，业主供应的材料、设备经清点移交，配件丢失责任在承包方。

本 章 回 顾

本章主要讲述了建筑工程投标的相关知识。

(1) 工程招标投标是在国家的法律保护和监督之下在法人之间进行的经济活动，是在双方同意的基础上的一种交易行为。建筑工程招标投标是一个连续完整的过程，必须根据一定的程序进行。同时，招标方、投标方都应认真按照各自相应的工作程序和内容进行招投标工作。

(2) 在投标过程中，必须编制施工组织设计文件，这项工作对于投标报价的影响很大。但此时所编制的施工组织设计文件的深度和范围都比不上接到施工任务后由项目部编制的施工组织设计文件，因此，是初步的施工组织设计文件。如果中标，再编制详细而全面的施工组织设计文件。招标人将根据施工组织设计文件的内容来评价投标人是否采取了充分和合理的措施，以保证按期完成工程施工任务。另外，施工组织设计文件对投标人自己也是十分重要的，因为进度的安排是否合理，施工方案的选择是否恰当，和工程成本与报价有密切的关系。

(3) 在建筑工程投标竞争中，报价是关键。报价过低，则无利可图，甚至会导致承包企业亏损；报价过高，中标率就会降低，从而失去竞争性。投标报价策略作为投标取胜的方式、手段和艺术，贯穿于投标竞争的始终，内容十分丰富，但主要体现在报价上。投标报价策略主要有：以信取胜；以快取胜；以廉取胜；靠改进建设方案取胜；采用以退为进策略取胜等。投标报价中还有许多具体的策略和技巧，投标单位应根据具体情况灵活地加以运用。

(4) 投标决策是投标活动中的重要环节，它关系到投标人能否中标及中标后的经济效益，应该引起高度重视。在建设工程投标过程中，有多种因素影响投标决策，只有认真分析各种因素，对多方面因素进行综合考虑，才能作出正确的投标决策。

练　一　练

一、填空题

1. 工程招标投标是在国家的＿＿＿＿＿＿＿＿法人之间的经济活动，是在＿＿＿＿＿＿＿＿的一种交易行为。

2. 投标的前期准备工作包括＿＿＿＿＿＿和＿＿＿＿＿＿两项内容。

3. 工程报价计算出来以后，可用多种方法进行复核和综合分析。然后，认真详细地分析风险、利润、报价让步的最大限度，而后参照＿＿＿＿＿＿＿＿＿＿＿，最终确定实际报价。

4. 在投标过程中，必须编制施工组织设计文件，这项工作对于投标报价的影响很大。但此时所编制的施工组织设计文件的＿＿＿＿＿＿＿＿都比不上接到施工任务后由项目部编制的施工组织设计文件，因此，是初步的施工组织设计文件。

5. 报价是关系投标成败的关键性工作，是综合考虑＿＿＿＿＿＿、＿＿＿＿＿＿、＿＿＿＿＿＿等多种因素后所作出的决策。

6. 编制一个好的施工组织设计文件可以大大降低标价，提高竞争力。编制的原则是在保证工期和工程质量的前提下，尽可能使＿＿＿＿＿＿＿＿投标价格合理。

7. 投标策略包括两个主要方面：一是基于＿＿＿＿＿＿，为实现企业经营目标，对投标工程的选择；二是工程项目的＿＿＿＿＿＿，如标价、工期等。前者是从企业的角度考虑，后者是就某一工程而言。

8. 投标人必须使用招标文件提供的投标文件表格格式，但表格可以＿＿＿＿＿＿。招标文件中拟定的供投标人投标时填写的一套投标文件格式，主要有投标函及其附录、工程量清单与报价表、辅助资料表等。

9. 投标报价策略作为投标取胜的＿＿＿＿＿＿，贯穿于投标竞争的始终，内容十分丰富，但主要体现在＿＿＿＿＿＿上。

10. 答疑会又称投标预备会或标前会议，一般在现场踏勘之后的＿＿＿＿＿＿内举行。

11. 工程投标是指具有＿＿＿＿＿＿＿＿的投标人根据招标条件，以投标报价的形式争取获得工程任务的一种经济活动。

12. 建设工程投标是建设工程招标投标活动中_____的一项重要活动,也是建筑企业取得承包合同的主要途径。

13. 我国规定招标人和中标人应当自中标通知书发出之日起_____内订立书面合同,合同内容应依据招标文件、投标文件的要求和中标的条件签订。

14. 直接工程费是指在工程施工中耗费的构成工程实体的各项费用,包括_____、_____和_____。

15. 间接费由_____组成。规费是指政府有关权力部门规定必须缴纳的费用。

16. 一般来说,进行投标决策时应考虑两个方面的因素,即_____和_____。

17. 投标策略包括两个主要方面:一是基于企业能力及竞争环境,为实现企业经营目标,对投标工程的选择;二是工程项目的具体投标策略,如标价、工期等。前者是就_____考虑,后者是就_____而言。

18. 建筑企业在分析招标信息的基础上,发现了投标对象,但并不一定每一个工程都去投标,应选择一些_____工程项目。

19. 企业投标一般都比较注重经济效益,期望值是以_____为目标对投标工程进行选择。

20. 在建筑工程投标竞争中,报价是关键。报价_____,则无利可图,甚至中标后会导致承包企业亏损;报价_____,中标率就会降低,从而失去竞争性。

二、选择题

1. 投标书附件中约定的合同工期是指从工程师发布开工令中指明的应开工之日到工程(　　)中指明的基本竣工这段时间。
   A. 接收证书　　　B. 履约证书　　　C. 检验合格证明　D. 最终证明

2. 中标通知书发出(　　)天内,中标单位应与建设单位签订工程承包合同。
   A. 30　　　　　　B. 20　　　　　　C. 14　　　　　　D. 7

3. 工程量清单是投标单位(　　)的依据。
   A. 实施工程施工　　　　　　　　　B. 计算标价
   C. 与招标单位订立合同　　　　　　D. 合理确定标书

4. 决定投标人能否中标的关键因素是(　　)。
   A. 招标公告　　　B. 招标邀请书　　C. 投标书　　　　D. 评标条件

5. 下列情况标书有效的是(　　)。
   A. 投标书封面无投标单位法人或其代理人印鉴
   B. 投标书未密封
   C. 投标书逾期送达
   D. 投标单位未参加开标会议

6. 评标过程中可以书面要求投标人予以澄清其投标书,主要讨论(　　)。
   A. 变更投标工期　　　　　　　　　B. 变更投标报价
   C. 投标书中含有的技术细节　　　　D. 中标通知书的主要内容

7. 当各投标单位的投标价都超过标底有效的范围且标底经审核无误时,应(　　)。

A. 采用标底的修正值作为衡量标准　　B. 另选一批施工单位重新组织招标

C. 由最接近标价的投标单位中标　　　D. 将项目暂缓组织建设

8. 建设行政主管部门派出监督招标投标活动的人员可以(　　)。

A. 参加开标会　　B. 作为评标委员　C. 决定中标人　　D. 参加定标投票

9. 施工企业对工程项目投标时，按规定应提交下列证明文件(　　)。

A. 只交验企业法人营业执照

B. 只交验企业等级证书

C. 企业法人营业执照和企业等级证书

D. 优良工程证书

10. 监理投标文件中，(　　)是技术建议书中的内容。

A. 人员酬金报价表　　　　　　B. 要求招标单位提供的设备清单

C. 提供自备仪器设备的报价表　　D. 总监理工程师人选

三、名词解释

1. 工程投标文件

2. 工程投标

3. 规费

4. 企业管理费

5. 投标策略

6. 经营能力

四、简答题

1. 一般要求被资格审查的投标申请人提供哪些资料？

2. 建筑工程投标的基本程序及相互关系如何？

3. 编制投标文件的一般步骤是什么？

4. 建筑工程投标文件的主要内容有哪些？

5. 工程报价的构成是什么？

6. 在获取招标信息之后，承包商决定是否投标，应综合考虑哪些方面的因素？

7. 工程项目施工投标报价的技巧有哪几种？

第4章 建设工程合同管理

【学习目标】

通过本章的学习，我们应该加深对下述各点的了解。

(1) 了解合同的概念、作用、分类、形式、主要条款。

(2) 了解合同生效的概念及应具备的条件。

(3) 了解施工合同的概念、特点、订立、履行。

(4) 掌握施工合同争议的解决方式。

(5) 掌握违约责任的概念及如何承担违约责任。

【导入案例】

　　某项建设工程项目，在施工图设计没有完成之前，业主通过招标选择了一家总承包单位承包该工程的施工任务。由于设计工作尚未完成，承包范围内待实施的工程虽性质明确，但工程量还难以确定，双方商定拟采用总价合同形式签订施工合同，以减少双方的风险。施工合同签订前，业主委托了一家监理单位拟协助业主签订施工合同并进行施工阶段监理。监理工程师查看了业主(甲方)和施工单位(乙方)草拟的施工合同条件，发现合同中有以下一些条款：

　　1. 乙方按监理工程师批准的施工组织设计(或施工方案)组织施工，乙方不应承担因此引起的工期延误和费用增加的责任。

　　2. 甲方向乙方提供施工场地的工程地质和地下主要管网线路资料，以供乙方参考使用。

　　3. 乙方不能将工程转包，但允许分包，也允许分包单位将分包的工程再次分包给其他施工单位。

　　4. 监理工程师应当对乙方提交的施工组织设计进行审批或提出修改意见。

　　5. 无论监理工程师是否参加隐蔽工程的验收，当其提出对已经隐蔽的工程进行重新检验的要求时，乙方均应按要求进行剥露，并在检验合格后重新进行覆盖或者修复。如果检验合格，甲方承担由此发生的经济支出，赔偿乙方的损失并相应顺延工期；如果检验不合格，则由乙方承担发生的费用，工期不予顺延。

　　6. 乙方应按协议条款约定的时间向监理工程师提交实际完成工程量的报告。监理工程师接到报告 7 天内按乙方提供的实际完成的工程量报告核实工程量(计量)，并在计量前 24 小时通知乙方。

　　问题：

　　(1) 业主与施工单位选择的总价合同形式是否恰当?为什么?

　　(2) 请逐条指出以上合同条款中的不妥之处，并说明应如何改正?

　　(3) 若检验工程质量不合格，你认为影响工程质量应从哪些主要因素进行分析?

　　通过本章的学习，我们将会找到上述问题的答案。

4.1　合同的基础知识

4.1.1　合同的概念

1. 合同的概念

　　合同又称契约，是平等主体的自然人、法人、其他组织之间设立、变更、终止民事权利义务关系的协议。

　　合同有广义和狭义之分。广义的合同泛指发生一定权利义务的协议；狭义的合同专指双方或多方当事人关于设立、变更、终止民事法律关系的协议。《中华人民共和国合同法》中所称的合同，是指狭义上的合同。

2. 合同的作用

(1) 合同是维护签约双方当事人合法权益的保障。

合同当事人应该本着平等互利、等价有偿、诚实信用、协商一致的原则签订合同，这样便以法律的形式明确了双方的权利与义务。当合同当事人发生纠纷时，仲裁机关和人民法院便可以按照合同中约定的当事人的权利和义务，本着以事实为依据、以法律为准绳的原则，公正、合理、及时地解决纠纷，从而使当事人的合法权益得到保障。

(2) 合同是促进企业加强全面管理、提高经济效益的手段。

签订了合同，企业便可以有的放矢地安排生产，有计划地购进原材料，从而避免产品的大量积压和浪费；企业按照合同销售，也可以避免产品积压、及时收回货款。同时，企业的其他部门，如运输、质量、后勤等部门的工作也都可以围绕着执行合同来运转。为了维护本企业信誉，提高产品在市场上的竞争力，企业会自觉地加强经营管理，合理安排生产，提高产品质量，降低成本，从而提高经济效益。

4.1.2　合同的分类

合同可以按其性质、行为和订立形式进行分类，这里仅介绍按行为进行分类的有关内容。《中华人民共和国合同法》分则中详细列举了此分类法包含的各合同的相关内容。内容如下所述。

(一) 买卖合同。它是出卖人转移标的物的所有权于买受人，买受人支付价款的合同。

买卖合同的内容包括下述各点。

(1) 当事人的名称或者姓名和住所。

(2) 标的。

(3) 数量。

(4) 质量。

(5) 价款或者报酬。

(6) 履行期限、地点和方式。

(7) 违约责任。

(8) 解决争议的方法。

(二) 供用电、水、气、热力合同。它是供电、水、气、热力人供电、水、气、热力，用电、水、气、热力人支付电、水、气、热力费的合同。

(三) 赠予合同。它是赠予人将自己的财产无偿给予受赠人，受赠人表示接受赠予的合同。

(四) 借款合同。它是借款人向贷款人借款，到期返还借款并支付利息的合同。

(五) 租赁合同。它是出租人将租赁物交付承租人使用、收益，承租人支付租金的合同。

(六) 融资租赁合同。它是出租人根据承租人对出卖人、租赁物的选择，向出卖人购买租赁物，提供给承租人使用，承租人支付租金的合同。

(七) 承揽合同。它是承揽人按照定做人的要求完成工作，交付工作成果，定做人给付报酬的合同。

(八) 建设工程合同。它是承包人进行工程建设，发包人支付价款的合同。

(九) 运输合同。它是承运人将旅客或者货物从起运地点运输到约定地点，旅客、托运人或者收货人支付票款或者运输费用的合同。

(十) 技术合同。它是当事人就技术开发、转让、咨询或服务订立的确立相互之间权利和义务的合同。

(十一) 保管合同。它是保管人保管寄存人交付的保管物，并返还该物的合同。

(十二) 仓储合同。它是保管人储存存货人交付的仓储物，存货人支付仓储费的合同。

(十三) 委托合同。它是委托人和受托人约定，由受托人处理委托人事物的合同。

(十四) 行纪合同。它是行纪人以自己的名义为委托人从事贸易活动，委托人支付报酬的合同。

(十五) 居间合同。它是居间人向委托人报告订立合同的机会或者提供订立合同的媒介服务，委托人支付报酬的合同。

4.1.3　合同的形式和主要条款

1. 合同的形式

合同的形式是指合同当事人双方对合同的内容、条款经过协商，作出共同的意思表示的具体方式。

《合同法》第十条规定：“当事人订立合同，有书面形式、口头形式和其他形式。”所以一般认为，合同的形式有三种，即书面形式、口头形式和其他形式，而公证、审批登记等则是书面合同的特殊形式。法律、行政法规规定或者当事人约定采用书面形式的，应采用书面形式。《合同法》在合同形式上的要求是以不要式为原则，这种合同形式的不要式原则符合市场经济的要求，尽管如此，书面形式的合同仍是应用最为广泛的合同形式。《合同法》第十一条规定：“书面形式是指合同书、信件和数据电文(包括电报、电传、传真、电子数据交换和电子邮件)等可以有形地表现所载内容的形式。”

2. 主要条款

合同的内容，是指当事人约定的合同条款。当事人只有对合同内容的具体条款协商一致，合同方可成立。

《合同法》第十二条规定，合同的内容由当事人约定，一般包括下述内容。

(1) 当事人的名称或者姓名和住所。

(2) 标的。

(3) 数量。

(4) 质量。

(5) 价款或者报酬。

(6) 履行期限、地点和方式。

(7) 违约责任。

(8) 解决争议的方法。

4.1.4　合同的效力

1. 合同的生效

(1) 合同生效的概念。合同生效，是指合同当事人依据法律规定经协商一致，取得同意，双方订立的合同即发生法律效力。

《合同法》第四十四条规定："依法成立的合同，自成立时生效。法律、行政法规规定应当办理批准、登记等手续生效的，依照其规定。"

(2) 合同生效的条件。合同生效应具备的条件如下所述。

① 当事人具有相应的民事权利能力和民事行为能力。

② 意思表示真实。

③ 不违反法律或者社会公共利益。

(3) 合同生效的时间。通常情况下，依法成立的合同，自成立时生效。

2. 无效合同

(1) 无效合同的概念。无效合同是指不具备合同有效要件而且不能补救，对当事人自始即不应当具有法律约束力的，应当由国家予以取缔的合同。

(2) 无效合同的法律规定。根据《合同法》第五十二条规定，有下列情形之一的，该合同无效。

① 一方以欺诈、胁迫手段订立合同、损害国家利益。

② 恶意串通，损害国家、集体或者第三人利益。

③ 以合法形式掩盖非法目的。

④ 损害社会公共利益。

⑤ 违反法律、行政法规的强制性规定。

3. 可变更、可撤销合同

(1) 可变更、可撤销合同的概念。可变更、可撤销合同是指欠缺生效条件，但一方当事人可依据自己的意思使合同的内容变更或者使合同的效力归于消灭的合同。

(2) 可变更、可撤销合同的法律规定。《合同法》第五十四条规定有下列情形之一的，当事人一方有权请求人民法院或者仲裁机构变更或者撤销其合同。

① 因重大误解而订立的合同。

② 在订立合同时显失公平的合同。

4. 撤销权消灭

(1) 撤销权消灭的概念。撤销权消灭，是指依照法律的规定，当事人原享有的撤销权因撤销权期限已过或者受害方明确表示放弃撤销权，而使其撤销权丧失。

(2) 撤销权消灭的法律规定。《合同法》第五十五条规定，有下列情形之一的，撤销权消灭。

① 具有撤销权的当事人自知道或者应当知道撤销事由之日起一年内没有行使撤销权。

② 具有撤销权的当事人知道撤销事由后明确表示或者以自己的行为放弃撤销权。

5. 合同无效或者被撤销后的法律后果

《合同法》规定，合同无效或者被撤销后的法律后果如下所述。

(1) 合同无效或者被撤销后，因该合同取得的财产，应当予以返还；不能返还或者没有必要返还的，应当折价补偿。有过错的一方应当赔偿对方因此所受到的损失，双方都有过错的，应当各自承担相应的责任。

(2) 当事人恶意串通，损害国家、集体或者第三人利益的，因此取得的财产应该收归国家所有或者返还集体、第三人。

4.2 建设工程施工合同的基础知识

4.2.1 建设工程施工合同的概念及特点

1. 施工合同的概念

施工合同即建筑安装工程承包合同，是发包人和承包人为完成商定的建筑安装工程，明确相互权利、义务关系的合同。依据施工合同，承包方应完成一定的建筑、安装工程任务，发包方应提供必要的施工条件并支付工程价款。

施工合同是工程建设的主要合同，是施工单位进行工程建设进度管理、质量管理、费用管理的主要依据之一。在市场经济条件下，建筑市场主体之间相互的权利义务关系通过合同被确定下来，这对规范建筑市场具有很大的作用。1999 年 10 月 1 日实施的《中华人民共和国合同法》对施工合同做了专章规定，1998 年实施的《中华人民共和国建筑法》、2000 年 1 月实施的《中华人民共和国招标投标法》也有许多涉及建设工程施工合同的规定，这些法律、法规及部门规章都是我国建设工程施工合同管理的依据。

施工合同的当事人是发包人和承包人，双方是平等的民事主体。所谓发包人可以是具备法人资格的国家机关、事业单位、国有企业、集体企业、私营企业、经济联合体和社会团体，也可以是依法登记的个人合伙、个体经营户或个人，即一切以协议、法院判决或其他合法完备手续取得发包人的资格，承认全部合同文件，能够而且愿意履行合同规定义务(主要是支付工程价款能力)的合同当事人。承包人应当是具备与工程相应资质和法人资格的、并被发包人接受的合同当事人及其合法继承人。

2. 施工合同的特点

1) 合同标的物的特殊性

施工合同的标的物是各类建筑产品，而建筑产品本身具有固定性，其基础部分都与大地相连，这就决定了每个施工合同的标的物都是特殊的，相互间都是不可替代的，这也决定了施工生产的流动性。另外，建筑产品类别庞杂，形成了其产品的个体性和生产的单体性，这也决定了施工合同标的物的特殊性。

2) 合同履行周期的长期性

由于建筑产品体积庞大、结构复杂，建设周期都比较长，不同用途、不同专业特点的建设工期长短也不同，少则几月、多则数年。施工合同的履行是贯穿在整个施工期内的，在工程施工过程中，还可能因为不可抗力、工程变更、材料供应不及时等原因而延误工期。

所有这些情况，都决定了施工合同的履行周期具有长期性。

3) 合同条款内容多

与大多数合同相比，施工合同由于"标的物"特殊、履行周期长等特点，所以要求施工合同的内容尽量详细。施工合同的条款内容除《合同法》规定的条款外，还应该有很多具体的内容，如有关工程范围和内容、涉及保证工程质量方面的规定等。此外，还应对安全施工、专利技术使用、发现地下障碍物和文物、工程分包、不可抗力、工程设计变更、材料设备的供应、运输、验收等内容作出规定，所有这些都决定了施工合同的内容具有多样性和复杂性。

4) 合同涉及面广

施工合同除了在法律、行政法规方面涉及面广以外，在施工合同监督方面还涉及工商行政管理部门、建设工程行政主管部门；合同履行中产生纠纷还要涉及仲裁委员会或人民法院、税务部门及公证部门。

4.2.2　建设工程施工合同的订立

1. 施工合同订立的条件

(1) 初步设计已经批准。

(2) 工程项目已经列入年度建设计划。

(3) 有能够满足施工需要的设计文件和有关技术资料。

(4) 建设资金和主要建筑材料设备来源已经落实。

(5) 招投标工程的中标通知书已经下达。

2. 订立施工合同应遵守的原则

(1) 遵守国家法律、法规和国家计划的原则。

订立施工合同，必须遵守国家法律、法规和国家的各项计划。建设工程施工对经济发展、社会生活存在多方面的影响，国家有许多强制性的管理规定，施工合同当事人都必须遵守。

(2) 平等、自愿、公平的原则。

合同当事人双方的法律地位是平等的，任何一方都不得强迫对方接受不平等的合同条件；合同的内容是公平的，不能损害一方的利益，对于显失公平的施工合同，当事人有权申请仲裁机构或人民法院予以变更或者撤销。

(3) 诚实信用的原则。

诚实信用原则要求合同当事人在订立施工合同时要诚实，不得有欺诈行为，合同当事人双方应当如实将自身和工程的情况介绍给对方。在履行合同时，施工合同当事人要守信用，严格履行合同。

3. 订立施工合同的程序和内容

(1) 订立施工合同的程序。

施工合同作为合同的一种，其订立也应经过要约和承诺两个阶段。一般情况下，施工合同的订立方式有两种，即直接发包和招标发包。如果没有特殊情况，建设工程的施工都应通过招标投标来确定施工企业。

中标通知书发出后，建设单位应与中标的施工企业及时签订施工合同。《招标投标法》规定，中标通知书发出 30 天内，中标单位应与建设单位依据招标文件、投标书等签订施工合同。签订合同的承包人必须是中标的施工企业，在签订施工合同时不得更改投标书中确定的合同条款，合同价应与中标价相一致。如果中标施工企业拒绝与建设单位签订合同，那么建设单位将不再返还其投标保证金(如果是由银行等金融机构出具投标保函的，则投标保函出具者应当承担相应的保证责任)，建设行政主管部门或其授权机构还可对其给予一定的行政处罚。

(2) 施工合同的内容。

订立施工合同时，承发包双方应当签订下述主要内容。

① 合同的法律基础。

② 合同语言。

③ 合同文本的范围。

④ 双方当事人的权利及义务(包括工程师的权力及工作内容)。

⑤ 合同价格。

⑥ 工期与进度控制。

⑦ 质量检查、验收和工程保修。

⑧ 工程变更。

⑨ 风险、双方的违约责任和合同的终止。

⑩ 索赔和争议的解决等。

具体参见本章 4.3 节有关建设工程施工合同示范文本的内容。

4.2.3　建设工程施工合同的履行

施工合同的实施过程即建设工程的施工过程，要保证合同顺利实施，合同双方必须共同承担各自的合同责任，确保建设工程圆满完成。

1. 发包人的施工合同履行

发包人在施工合同内所负责的工作，是合同履行的基础，是为承包人开工、施工创造的先决条件，因此，发包人必须严格履行。发包人对施工合同履行的管理主要是通过工程师进行的，主要包括以下管理工作。

1) 进度管理方面

按照合同规定，要求承包人在开工前提出包括分月、分阶段施工的总进度计划，并加以审核；按照分月、分阶段进度计划，进行检查；分析影响进度计划的因素，找出原因归属，及时解决；在同意承包人修改进度计划时，审批承包人修改的进度计划；确认竣工日期的延误等。

2) 质量管理方面

按照合同规定，检验工程使用的材料、设备质量；检验工程使用的半成品及构件质量；监督检验施工质量是否符合合同规定的规范、规程要求；按合同规定的程序验收隐蔽工程和需要中间验收工程的质量；对单项竣工工程和全部竣工工程的质量进行验收等。

3) 费用管理方面

对预付工程款进行管理，包括批准和扣还；对工程量进行核实确认；对合同约定的价款进行严格管理；当出现合同约定的情况时，对合同价款进行调整；对变更价款进行确定；进行工程款的结算和支付；对施工中涉及的其他费用进行确定；办理竣工结算；对保修金进行管理等。

4) 施工合同档案管理方面

工程项目全部竣工之后，应将全部合同文件进行系统整理，建档保管。对合同文件，包括有关的签证、记录、协议、补充合同、备忘录、函件、电报、电传等都应做好系统分类，认真管理。

5) 工程变更及索赔管理方面

若出现工程变更，应按合同的有关规定进行变更工程的估价。

按照合同规定的索赔程序和方法进行索赔管理，认真地分析承包人提出的索赔要求，仔细计算索赔费用及工期补偿，公平、合理、及时地解决索赔争议。

2. 承包人的施工合同履行

承包人在施工合同履行过程中的主要管理工作包括：

(1) 建立合同实施的保证体系，从而保证合同目标的实现。

(2) 监督承包人的工程小组和分包商按合同实施，做好各分包合同的协调和管理工作。

(3) 跟踪合同的实施情况；收集合同实施的信息和各种工程资料，并作出相应的信息处理；对比分析合同实施情况与合同分析资料，找出偏差，作出诊断，向项目经理及时通报合同实施情况及问题，提出意见、建议，甚至警告。

(4) 进行合同变更管理。主要包括参与变更谈判，并对合同变更进行事务性处理；落实变更措施；修改变更资料；检查变更措施的落实情况。

(5) 日常的索赔管理。主要包括：审查分析收集到的索赔报告，收集反驳理由和证据，复核索赔值，起草索赔报告；对由于干扰事件引起的损失，向责任者提出索赔要求，收集索赔证据和理由，计算索赔值，起草索赔报告；参加索赔谈判，并处理索赔中涉及的相关问题。

4.3　建设工程施工合同示范文本及 FIDIC 合同条件简介

4.3.1　建设工程施工合同示范文本简介

国家建设部、国家工商管理局于 1999 年 12 月 24 日印发了《建设工程施工合同示范文本》(以下简称《施工合同示范文本》)。《施工合同示范文本》是对国家建设部、国家工商行政管理局 1991 年 3 月 31 日发布的《建设工程施工合同示范文本》的修订，适用于各类公用建筑，民用住宅，工业厂房，交通设施及线路、管道的施工和设备安装的施工合同文本。

1. 《施工合同示范文本》的组成

《施工合同示范文本》是由《协议书》《通用条款》《专用条款》三部分组成的，并有三个附件：附件一是《承包方承揽工程项目一览表》；附件二是《发包方供应设备一览表》；附件三是《房屋建筑工程质量保修书》。

1) 协议书

协议书是《施工合同示范文本》中总纲性的文件，虽然其文字量并不大，但它规定了合同当事人双方最主要的权利和义务，规定了组成合同的文件及合同当事人对履行合同义务的承诺，并且合同当事人要在文本上签字盖章，因此具有很强的法律效力。《协议书》的内容包括工程概况、工程承包范围、合同工期、质量标准、合同价款、组成合同的文件及双方的承诺等。

2) 通用条款

通用条款是根据《合同法》《建筑法》等法律对承发包双方的权利和义务作出的规定，除了经双方协商一致而对其中的某些条款作出修改、补充或取消外，它是将建设工程施工合同中共性的一些内容抽象出来编写的一份完整的合同文件。《通用条款》的通用性很强，基本适用于各类建设工程，由11个部分47条组成，这11个部分的内容如下所述。

(1) 词语定义及合同文体。

(2) 双方一般的权利和义务。

(3) 施工组织设计和工期。

(4) 质量与检验。

(5) 安全施工。

(6) 合同价款与支付。

(7) 材料设备供应。

(8) 工程变更。

(9) 竣工验收与结算。

(10) 违约、索赔和争议。

(11) 其他。

3)《专用条款》

由于建设工程的内容各不相同，其造价也相应随之变动，加之承包人和发包人各自的能力、施工现场的环境和条件也各不相同，所以《通用条款》并不能完全适用于每个具体工程。因此《通用条款》和《专用条款》成为双方统一意愿的体现。《专用条款》的条款号与《通用条款》一致，但《专用条款》主要是空白的，由当事人根据工程的具体情况加以明确或者对《通用条款》进行修改、补充。

4)《施工合同文本》附件

它是对施工合同当事人权利义务的进一步明确，并使施工合同当事人的有关工作一目了然，便于执行和管理。

2. 词语定义

1) 发包人

发包人指在协议书中约定，具有承发包主体资格和支付工程价款能力的当事人以及取得该当事人资格的合法继承人。发包人可以是法人，也可以是自然人或非法人的其他组织。

2) 承包人

承包人指具有工程承包主体资格并被发包人接受的当事人及其合法继承人。承包人必须是具备建筑工程施工资质证书的企业法人。

3) 项目经理

项目经理指承包人在专用条款中指定的负责施工管理和合同履行的代表。《建筑施工企业项目经理资质管理办法》规定，承包人在承包工程时，应向发包人提供负责该工程的项目经理情况。

4) 设计单位

设计单位指发包人委托的负责本工程设计并取得相应工程设计资质等级证书的单位。设计单位受发包人委托负责工程设计，提交设计文件，按设计合同的要求履行有关义务，并遵守国家关于工程设计的有关规定。

5) 工程师

工程师指本工程监理单位委派的总监理工程师或发包人指定的履行本合同的代表，其具体身份和职权由发包人、承包人在专用条款中约定。工程师的身份视工程的具体情况而定。在发包人完全委托监理并由监理单位全权负责合同履行的情况下，工程师指监理单位委派的总监理工程师；在不实行监理的情况下，工程师指发包人指定的履行合同的代表；在发包人将部分职责委托监理而又指定代表负责合同履行时，工程师可指定总监理工程师或发包人代表任何一方，但双方职责应在专用条款中写明，并不得交叉。

6) 工程造价管理部门

工程造价管理部门指国务院有关部门、县级以上人民政府建设行政主管部门或其委托的工程造价管理机构。

7) 费用

费用指不包含在合同价款之内的应当由发包人或承包单位承担的经济支出。

8) 工期

工期指发包人、承包人在协议书中约定的按总日历天数(包括法定节假日)计算的承包天数。

9) 开工日期

开工日期指发包人、承包人在协议书中约定，承包人开始施工的绝对或相对的日期。

10) 竣工日期

竣工日期指发包人、承包人在协议书中约定，承包人完成承包范围内工程的绝对或相对的日期。

11) 图纸

图纸指由发包人提供或承包人提供，并经过发包人批准，满足承包人施工需要的所有图纸。

12) 施工场地

施工场地指由发包人提供的用于工程施工的场所以及发包人在图纸中具体指定的供施工使用的任何其他场所。施工场地由发包人提供，为保证施工正常进行，双方应在图纸中指定或在专用条款内详细约定施工场地的范围及不同场地在施工中的用途。

13) 书面形式

书面形式指合同书、信件和数据电文(包括电报、电传、传真、电子数据交换和电子邮件)等可以有形地表现所载内容的方式。

14) 违约责任

违约责任指合同一方不履行合同义务和履行合同义务不符合约定所应承担的责任。

15) 索赔

索赔指在合同履行过程中,对于并非自己的过错,而应由对方承担责任的情况造成的实际损失,向对方提出经济补偿和(或)工期顺延的要求。

16) 不可抗力

不可抗力指不能预见、不能避免并不能克服的客观情况,不可抗力事件包括某些自然现象,如地震、火山爆发、雪崩、洪灾、飓风等, 也包括一些社会现象,如政府禁令、战争等。

17) 小时或天

本合同条款中规定按小时或天计算时间的,从事件有效开始时计算(不扣除休息时间);规定按天计算时间的,开始当天不计入,从次日开始计算。时限的最后一天是休息日或者其他法定节假日的,以节假日的次日为时限的最后一天。时限的最后一天截止时间为当日24 时。

3. 施工合同文件的组成及解释顺序

组成建设工程施工合同的文件如下所述。

(1) 施工合同协议书。

(2) 中标通知书。

(3) 投标书及其附件。

(4) 施工合同专用条款。

(5) 施工合同通用条款。

(6) 标准、规范及有关技术文件。

(7) 图纸。

(8) 工程量清单。

(9) 工程报价单或预算书。

合同履行中,发包人承包人双方对有关工程的洽商、变更等书面协议或文件可视为本合同的组成部分。

组成合同的文件是相互补充说明的,当出现不一致时,应按照本款给出的优先顺序进行解释。双方可以在专用的条款中对组成合同的文件进行补充,也可以对解释的优先顺序进行调整,但不得违反有关法律的规定。

4. 语言文字和适用法律、标准及规范

1) 语言文字

本合同条件使用汉语语言文字进行书写、解释和说明,如专用条款约定使用两种以上(含两种)文字时,汉语应为解释和说明本合同的标准语言文字。

在少数民族地区，双方可以约定使用少数民族的语言文字书写和解释、说明本合同。

2) 适用法律和法规

本合同文件适用国家的法律和行政法规，需要明示的法律和行政法规，由双方在专用条款中约定。

3) 合同使用标准和规范

按照施工合同示范文本规定，施工合同当事人双方应在专用条款中约定适用国家标准、规范的名称；没有国家标准、规范，但有行业标准、规范的，约定适用行业标准、规范的名称；没有国家和行业标准规范的，约定使用工程所在地的地方标准规范的名称。同时发包人应按专用条款约定的时间向承包人提供一或两份约定的标准、规范。

国内没有相应的标准、规范的，由发包人按专用条款约定的时间向承包人提出施工技术要求，承包人按约定的时间和要求提供施工工艺，经发包人认可后执行。发包人要求使用国外标准、规范的，应负责提供中文译本。因购买、翻译和制定标准、规范或制定施工工艺发生的费用，由发包人承担。

4) 图纸

施工合同管理中的图纸是指由发包人提供或者由承包人提供经工程师批准、满足承包人施工需要的所有图纸，包括配套说明和有关资料。

(1) 发包人提供图纸。

在我国目前的建设工程管理体制中，施工所需的图纸主要由发包人提供。承包人未经发包人同意，不得将本工程图纸转发给第三人。工程质量保修期满后，除承包人存档需要的图纸外，应当将全部图纸退还给发包人。承包人应在施工现场保留一套完整的图纸，供工程师及有关人员进行工程检查时使用。

(2) 承包人提供图纸。

有些工程施工图纸的设计或与工程配套的设计可能由承包人完成，如合同中有这样的约定，则承包人应当在其设计资质允许的范围内，按工程师的需求完成这些设计，经工程师确认后使用，由此发生的费用由发包人承担。

4.3.2　FIDIC 合同条件简介

1. 国际咨询工程师联合会

FIDIC 是国际咨询工程师联合会(International Federation of Consulting Engineers)的法文名称的缩写，是各国咨询工程师协会的国际联合会。

FIDIC 最早是于 1913 年由欧洲三个国家的咨询工程师协会组成的。自 1945 年第二次世界大战结束以来，已有全球各地 60 多个国家和地区的成员加入了 FIDIC，中国是在 1996 年正式加入的。可以说 FIDIC 代表了世界上大多数独立的咨询工程师，是最具有权威性的咨询工程师组织，它推动了全球范围内的高质量的工程咨询服务业的发展。

FIDIC 下属有两个地区成员协会：FIDIC 亚洲及太平洋地区成员协会(ASPAC)；FIDIC 非洲成员协会集团(CAMA)。FIDIC 下设许多专业委员会，如业务咨询工程师关系委员会(CCRC)；土木工程合同委员会(CECC)；电气和机械合同委员会(EMCC)；职业责任委员会(PLC)等。

2. FIDIC 系列合同条件

1)《土木工程施工合同条件》(简称 FIDIC "红皮书")

该合同条件是基本的合同条件,适用于土木工程施工的单价合同形式。该合同条件的第一部分是通用条件,内容是工程项目普遍适用的规定,包括 20 条 163 款,其内容包括:一般规定;业主;工程师;承包商;指定分包商;职员和劳工;工程设备、材料和工艺;开工、延误和暂停;竣工检验;业主的接收;缺陷责任;测量和估价;变更和调整;合同价格和支付;业主提出中止;风险和责任;保险;承包商提出暂停和终止;不可抗力;索赔;争端和仲裁。第二部分是专用条件,可以说明与具体工程项目有关的特殊规定。世界银行、亚洲开发银行和非洲开发银行规定,所有利用其贷款的工程项目都必须采用该合同条件。

2)《业主/咨询工程师标准服务协议书》(简称 FIDIC "白皮书")

该合同条件适用于业主与咨询工程师之间就工程项目的咨询服务签订协议书,可用于投资前研究、可行性研究、设计及施工管理、项目管理等服务。

3)《电气与机械工程合同条件》(简称 FIDIC "黄皮书")

该合同条件是 FIDIC 为机械与设备的供应和安装而专门编写的,是用于业主和承包商就机械与设备的供应和安装而签订的电气与机械工程的标准合同条件格式,该合同条件在国际上也得到了广泛采用。

4)《设计——建造与交钥匙工程合同条件》(简称 FIDIC "橘皮书")

该合同条件是为了适应国际工程项目管理方法的新发展而最新出版的,适用于设计——建造与交钥匙工程,在我国一般称为总承包工程项目,该条件适用于总价合同。

5)《土木工程分包合同条件》

该合同条件适用于国际工程项目中的工程分包,一般可与《土木工程施工合同条件》配套使用。

3. FIDIC 系列合同条件的特点

1) 国际性、通用性、权威性

FIDIC 的合同条件是在总结各个地区、国家的业主、咨询工程师和承包商各方经验的基础上编制出来的,是国际上一个高水平的通用性文件。既可用于国际工程,稍加修改后也可用于国内工程。一些国际金融组织的贷款项目和一些国家和地区的国家工程项目也都采用 FIDIC 合同条件。

2) 公正合理、职责分明

FIDIC 大量地听取了各方的意见和建议,因而其合同条件中的各项规定都体现了业主和承包商之间风险合理分担的精神,并且在合同条件中倡导合同各方以坦诚合作的精神去完成工程。

3) 程序严谨、易于操作

在处理各种问题的程序中,合同条件都有严谨的规定,并且强调要及时处理和解决问题,以免由于任何一方延误而产生新的问题;另外还特别强调各种书面文件及证据的重要性,使条款中的规定易于操作和实施。

4) 通用条件和专用条件的有机结合

在合同中，凡是专用条件和通用条件存在不同之处时均以专用条件为准。专用条件的条款号与通用条件相同，这样合同条件的通用条件与专用条件共同构成了一个完整的合同条件。

4. FIDIC《土木工程施工合同条件》

1) 合同概述

FIDIC 每隔 10 年左右的时间对其编制的合同条件进行一次修订。1999 年 FIDIC 正式出版了新版《土木工程施工合同条件》(又称"新红皮书")。

(1) 合同的法律基础。

合同的法律基础，是指适用于合同关系的法律。在 FIDIC 第二部分即专用条件中必须指明，使用哪个国家或州的法律解释合同，该法律即为本合同的法律基础。

(2) 合同语言。

合同语言，是用以拟订合同文本的一种或几种语言，也应在专用条件中予以指定。合同文本如果使用一种以上的语言编写，则还应指明以哪种语言为合同的"主导语言"。当不同语言的合同文本的解释出现不一致时，应以"主导语言"合同文本的解释为准。

(3) 合同文件。

合同文件包括的范围、构成合同的几个文件之间应能互相解释。合同文件解释和执行的优先次序为：①合同协议书；②中标函；③投标书；④FIDIC 条件第二部分，即专用条件；⑤FIDIC 条件第一部分，即通用条件；⑥合同的其他文件，如规范、图纸、工程量表等。

如果在工程实施过程中，合同有重大的变更、补充、修改，则应说明它们的内容及与原合同文件的差异。

(4) 合同类型。

该 FIDIC 合同为业主与承包商之间签订的土木工程施工合同，属于单价合同，同时工程必须实行监理制度，即业主聘请并全权委托监理工程师进行工程管理，它适用于大型复杂工程的承包方式。

2) 业主、承包商及工程师的权利、业务和职责

(1) 业主的权利。①业主有权要求承包商按照合同规定的工期提交质量合格的工程；②有权批准合同转让；③有权指定分包商；④在承包商无力或不愿意执行工程师指令时有权雇佣他人完成任务；⑤除属于业主风险和特殊风险外，业主对承包商的设备、材料和临时工程的损失不承担责任；⑥在一定条件下，业主可以终止合同；⑦业主有权提出仲裁。

(2) 业主的义务。①委派工程师管理工程施工；②编制双方实施的合同协议书；③承担拟订和签订合同的费用和多于合同规定的设计文件的费用；④批准承包商的履约担保、担保机构及保险条件；⑤配合协助承包商做好工作；⑥按时提供施工现场；⑦按合同约定时间及时提供施工图纸；⑧按时支付工程款；⑨移交工程的照管责任；⑩承担风险；⑪对自己授权在现场的工作人员的安全负全部责任。

(3) 承包商的权利。①对已完工程有按时得到工程款的权利；②有提出工期和费用索赔的权利；③有终止受雇或暂停工作的权利；④有提出仲裁的权利。

(4) 承包商的义务。①遵纪守法；②承认合同的完备性和正确性；③对工程图纸和设计

文件应承担的责任；④提交进度计划和现金流量估算；⑤任命项目经理；⑥放线；⑦对工程质量负责；⑧必须执行工程师发布的各项指令并为工程师的各种检验提供条件；⑨承担其负责范围内的相关费用；⑩按期完成施工任务；⑪负责对材料、设备等的照管工作；⑫对施工现场的安全、卫生负责；⑬为其他承包商提供方便；⑭及时通知工程师在工程现场发现的意外事件并作出响应。

(5) 工程师的权利和职责。

① 工程师的三个层次。通用条件中将施工阶段参与监理工作的人员分为工程师、工程师代表和助理三个层次。

② 工程师的权利。a. 质量管理方面。主要包括对运抵施工现场的材料、设备质量的检查和检验；对承包商施工过程中的工艺操作进行监督；对已完成工程部位质量的确认或拒收；发布指令要求对不合格工程部位采取补救措施。b. 进度管理方面。主要包括审查批准承包商的施工进度计划；指示承包商修改施工进度计划；发布开工令、暂停施工令、复工令和赶工令。c. 支付管理方面。主要包括批准使用暂停定金额和计日工；确定变更工程的估价；签发各种给承包商的付款证书。d. 合同管理方面。主要包括解释合同文件中的矛盾和歧义；批准分包工程；发布工程变更指令；签发"工程移交证书"和"解除缺陷责任证书"；审核承包商的索赔；行使合同内必然引申的权利。

③ 工程师的职责。a. 认真按照业主和承包商签订的合同工作，这是工程师最根本的职责。b. 协调施工的有关事宜，包括合同方面的管理、工程质量及技术问题的处理、工程支付的管理等。

【案例分析】

通过本章的学习，我们不难找到"导入案例"中所提出问题的答案。

(1) 不恰当(或不宜使用总价合同形式)。因为该项目工程量难以确定(或双方风险较大)。

(2) 关于草拟的施工合同条件。

第 1 条中"乙方不应承担因此引起的工期延误和费用增加的责任"不妥。应改正为乙方按监理工程师批准的施工组织设计(或施工方案)组织施工，不应承担由非自身原因引起的工期延误和费用增加的责任。

第 2 条中"供乙方参考使用"不妥。应改正为保证资料(数据)真实、准确(或作为乙方现场施工的依据)。

第 3 条中"再次分包"不妥。应改正为不允许分包单位再次分包。

第 4 条不妥。应改正为乙方应向监理工程师提交施工组织设计，供其审批或提出修改意见(或监理工程师职责不应出现在施工合同中)。

第 6 条中"监理工程师按乙方提供的实际完成的工程量报告核实工程量(计量)"不妥。应改正为监理工程师应按设计图纸对已完工程量进行计量。

(3) 影响工程质量的主要因素有人、材料、施工方法、施工机械、环境。

本 章 回 顾

本章详细介绍了建设工程合同管理的相关知识。

(1) 合同是平等主体的自然人、法人、其他组织之间设立、变更、终止民事权利义务关系的协议。合同有广义和狭义之分。《中华人民共和国合同法》中所称的合同，是指狭义上的合同。

合同具有相应的作用和形式，其形式主要包括三种，即书面形式、口头形式和其他形式。合同的分类方法可以按其性质、行为和订立形式划分，本书仅介绍了按行为进行分类的有关内容。合同的内容由当事人约定，一般包括当事人的名称或者姓名和住所、标的、数量、质量、价款或者报酬、履行期限、地点和方式、违约责任与解决争议的方法等。

(2) 建筑企业通过各种途径获得的承包业务，都必须采用施工合同的形式明确承发包双方的权利和义务。建设工程施工合同是建筑工程承发包关系的法律保障，签订合同是一种法律行为。依法成立的施工合同，对建设工程的发包人和承包人都可从法律上进行保护：一经签订施工合同，承发包双方都要严格履行各自的义务，一旦任何一方不履行义务，就要承担民事责任；承发包双方若任何一方出现违约，权利受到侵害的一方，都可以施工合同为依据，依据有关法律，追究对方的法律责任；当施工合同发生争议时，特别是施工合同争议由人民法院受理立案时，原告人除履行诉讼程序外，还要提供有关合同文本，以供人民法院依据合同、依据法律进行调解、审理和宣判。

(3) 为了保证建设工程施工合同有效履行，国家有关部门制定了建设工程施工合同示范文本，签订施工合同时必须严格执行。

练 一 练

一、填空题

1. 合同又称契约，它是_____的自然人、法人、其他组织之间设立、变更、终止民事权利义务关系的协议。

2. 施工合同的标的物是_____，而建筑产品具有固定性，其基础部分都与大地相连，这就决定了每个施工合同标的物都是特殊的，相互间都是不可替代的，这也决定了施工生产的流动性。

3. 无效合同是指不具备_____而且不能补救，对当事人自始即不应当具有法律约束力的合同，应当由国家予以取缔的合同。

4. 当事人恶意串通，损害国家、集体或者第三人利益的，因此取得的财产应收归_____或者返还集体、第三人。

5. 施工合同是工程建设的_____，是施工单位进行工程建设_____、_____、_____的主要依据之一。

6. 承包人应是具备与工程相应资质和法人资格的、并被发包人接受的_____及其_____。

7. 合同的内容应当是_____，不能损害一方的利益，对于_____的施工合同，当事人有权申请仲裁机构或人民法院予以变更或者撤销。

8. 一般情况下，施工合同的订立方式有两种：_____和_____。如果没有特殊情况，建设工程的施工都应通过招标投标确定施工企业。

9. 《招标投标法》规定，中标通知书发出_____内，中标单位应与建设单位依据招标文件、投标书等签订施工合同。

10. 《施工合同示范文本》是由_____、_____、_____三部分组成的，并有三个附件：附件一是《承包方承揽工程项目一览表》；附件二是《发包方供应设备一览表》；附件三是《房屋建筑工程质量保修书》。

11. 施工合同的当事人是发包人和承包人，双方是平等的_____。

12. 合同的内容，是指当事人约定的_____。当事人只有对合同内容的具体条款协商一致，合同方可成立。

13. 协议书是《施工合同示范文本》中_____的文件，虽然其文字量并不大，但它规定了合同当事人双方最主要的权利和义务，规定了组成合同的文件及合同当事人对履行合同义务的承诺，并且合同当事人要在文本上签字盖章，因此具有很强的法律效力。

14. 《通用条款》的通用性很强，所以基本适用于_____，由 11 个部分 47 条组成。

15. 《专用条款》的条款号与《通用条款》一致，但《专用条款》主要是空白，由当事人根据_____加以明确或者对《通用条款》进行修改、补充。

16. 违约责任指合同一方_____和履行合同义务不符合约定所应承担的责任。

17. 索赔指在合同履行过程中，对于并非自己的过错，而应由对方承担责任的情况造成的实际损失，向对方提出_____的要求。

18. 狭义的合同专指_____关于设立、变更、终止民事法律关系的协议。《中华人民共和国合同法》中所称的合同，是指狭义上的合同。

19. 合同的形式是指合同当事人双方对合同的内容、条款经过协商，作出_____的具体方式。

20. 可变更、可撤销合同是指_____，但一方当事人可依据自己的意思使合同的内容变更或者使合同的效力归于消灭的合同。

二、选择题

1. 发包人在接到承包人送达的竣工验收报告后(   )内无正当理由不组织验收的，可以视为竣工验收报告已被批准。
   A. 20 天   B. 30 天   C. 14 天   D. 28 天

2. 某工程施工中需要设置护坡桩，此护坡桩的设计任务应由(   )承担。
   A. 承包人   B. 发包人委托设计单位
   C. 监理人   D. 发包人

3. (   )内容不属于工程师对施工合同管理的主要工作内容。
   A. 工期管理   B. 审查项目概预算
   C. 质量管理   D. 结算管理

4. 我国《合同法》规定，由于发包人违反有关规定和约定，不支付工程结算价款，承包方享有(　　)。

  A. 占有权   B. 使用权   C. 抵押权   D. 留置权

5. 发包人在(　　)合同中承担了项目的全部风险。

  A. 单价   B. 总价可调   C. 总价不可调 D. 成本加酬金

6. 当工程变更中减少了工程量或工作内容时，实际完工所需天数也应相应缩短，(　　)合同工期。

  A. 不能缩短 B. 应缩短   C. 延展   D. 重新签订

7. 不属于建设工程施工合同文件的组成内容的是(　　)。

  A. 建设工程施工合同条件   B. 投标书

  C. 协议书   D. 建设项目可行性研究报告

8. 在建设工程施工合同法律关系中，客体就是(　　)。

  A. 建筑安装工程项目   B. 物

  C. 财   D. 行为(劳务或完成的工作)

9. 施工合同示范文本规定，因发包人原因不能按协议书约定的开工日期开工，(　　)后可推迟开工日期。

  A. 承包人以书面形式通知工程师 B. 工程师以书面形式通知承包人

  C. 承包人征得工程师同意   D. 工程师征得承包人同意

10. 建设工程施工合同的标的是(　　)。

  A. 材料和设备 B. 劳务   C. 完成工作   D. 货币

11. 合同法律关系主要是由法律规范调整的(　　)。

  A. 行政法律关系   B. 民事权利义务关系

  C. 刑事法律关系   D. 经济侵权关系

12. 法人是指具有民事权利能力和民事行为能力的(　　)。

  A. 自然人   B. 个体工商户 C. 国家   D. 依法成立的社会组织

13. 下述(　　)种情况下所签订的合同是有效合同。

  A. 代理人以被代理人的名义同自己签订的合同

  B. 代理人以被代理人的名义同其他法人签订的合同

  C. 代理人以被代理人的名义同自己代理的其他人签订的合同

  D. 代理人超越了代理的权限所签订的合同

14. 经过签证的合同，(　　)。

  A. 人民法院应当作为认定事实的依据

  B. 不具有法律效力

  C. 该合同具有强制执行的效力

  D. 人民法院仍需进行质证，审查确定其效力

15. 在建设工程中，施工合同履约保证的有效期限自(　　)止。

  A. 施工合同签订之日起，到施工合同终止时

  B. 提交履约保证之日起，到项目竣工并验收合格之日

  C. 项目开工之日起，到项目验收合格之日

  D. 提交履约保证之日起，到工程交付使用之日

三、名词解释

1. 合同
2. 合同生效
3. 无效合同
4. 施工合同
5. 发包人
6. 承包人

四、简答题

1. 合同有哪几种形式?
2. 合同的作用是什么?它是如何分类的?
3. 合同生效应具备哪些条件?
4. 施工合同有哪些特点?
5. 施工合同有哪些内容?
6. 发包人在履行施工合同的过程中应进行哪些管理工作?
7. 承包人在履行施工合同的过程中应进行哪些管理工作?

五、社会调查

选择一个建筑企业和已中标工程作为调查对象,要求获取工程承包合同的样本并了解签订合同的过程。

第 5 章　招投标模拟实训

【学习目标】

通过本章的实训，使学生能够在招标投标全过程的模拟演练中对招标投标过程有一个较全面的了解，掌握招标投标工作的程序，巩固在课堂上学过的招标投标方面的法律法规文件。

应学会编制招标投标文件。通过招标投标文件的编制，使学生在实践过程中掌握编制招标投标文件的基本思路及方法，认识到制作招标投标文件是一项综合性很强的工作，既要运用招标投标法的相关知识，融会贯通曾经学过的施工技术理论知识，又要利用招标文件给出的工程量清单，制定相应的投标报价策略，科学准确地计算出工程报价。

5.1　课程基本信息

课程中文名称：招标投标模拟实训

课程性质：实践环节

课程总周数：2 周 60 学时

知识背景：具有工程管理专业相关的专业知识

5.2　实训性质和任务

通过本实训，旨在使学生在招标投标全过程的模拟演练中对招标投标过程有一个较为全面的了解，掌握招标投标工作的程序，巩固在课堂上曾经学过的招标投标法方面的法律法规文件。

学会编制招标文件(其中包括拟定合同条件、工程量清单编制等内容)；学会编制投标文件，通过投标文件的编制，使学生在实践过程中掌握编制投标文件的基本思路及方法，认识到制作投标文件是一种综合性很强的工作，既要运用招标投标法的相关知识，融会贯通曾经学过的施工技术知识(包括会看施工图、分析工程及特点、编制出合理可行的施工技术方案)，又要利用招标文件给出的工程量清单制定相应的投标报价策略，科学准确地计算出工程报价。

总之，通过本课程的实际演练，可使学生的实战能力得到提高，以增强学生将来从事招标或投标工作的信心。

5.3　实训内容与要求

1. 实训的内容

可将课程时间分成招标阶段、投标阶段、评标阶段三个阶段，循序渐进地开展。

在不同阶段，让学生分别担当不同的角色，在招标阶段学生作为招标单位，在投标阶段学生作为投标单位，在评标阶段学生作为评委，这样通过在某一项目不同阶段担任的角色担当不同，其工作内容也发生相应变化，从而使学生在整个实习演练过程中充分感受到各个工作阶段的特点。

2. 实训基本要求

1) 招标阶段

(1) 学会根据已有资料，融会贯通学过的有关专业基础知识，编制招标文件，其中包括拟定投标须知及投标须知前附表；拟定合同条款；提供合同文件格式；工程建设标准；图纸工程量清单及投标函格式等。

(2) 明确招标文件编制完成后，还应有招标文件备案、发布招标公告、发售招标文件、组织现场勘察及答疑环节。

注：在本实训中，可将学生分成若干个小组或个人独立完成，笔者认为分成小组较好，例如小组人员为 3～4 人，可以按照分工的不同，分别查找资料、编制文件，在提高工作效率的同时也可增加学生团队配合的意识。

2) 投标阶段

(1) 通过前一阶段设计的课程，教师可以对每个小组递交的文件进行点评，综合各个小组中较为合理完整的部分，重新出一份较完善的招标文件(若有某小组编制的招标文件很完整、非常出色，亦可直接将此文件作为最终的招标文件范本)在投标阶段中使用。

(2) 本阶段仍可以原来的小组为单位组成，这时学生将以投标单位的身份出现在本阶段的实训中。

(3) 教师可以将最终确定的招标文件发给投标单位。

(4) 通过已领到的招标文件(包括工程量清单)、施工图纸，让学生学会领会招标文件中的内容，学会根据招标文件中的要求、有关编制投标文件的要求及格式编制技术标、商务标、资格标等文件。

此过程也可以插入投标答疑这一环节，即针对学生在拿到招标文件后通过阅读及编制文件过程中产生的一些疑问，在规定时间内组织一次现场答疑活动，此过程中可由教师来客串招标单位或招标代理单位这一角色。

注：学生在这一阶段的实习锻炼中，教师可以指导学生去参考一些专业书籍，比如施工技术规范等，为他们编制技术标提供一些帮助，同时在商务标的编制过程中，指导他们如何去制定投标策略，如何使用工程定额等，使学生在实践中得到锻炼。

3) 开标、评标阶段

(1) 模拟开标现场，按照招标文件中规定的时间及地点准时开标。迟到的投标单位其标函可视为废标，在本次模拟活动中，该小组学生的成绩即为"不及格"。

(2) 学生将投标文件递交上来以后，教师可以将学生分成不同的评标小组，由原来的两个或三个小组合并成一个评标小组(每组 7 人或 9 人)，评审其他小组递交的投标文件。按照招标文件中的评标办法细则制作评标表格，先进行初步评审，再进行技术标及商务标的评审。评审过程中，对于技术标中不合理或者不明确的以及商务标中价格过高或过低的情况，可以进行质询，质询结果应有文字记录。

(3) 最后综合评分结果，排序推荐出本次模拟招标中的中标候选单位。

4) 课程安排

(1) 分组：关于小组分配情况，我们可以举个例子说明。

例如班中有 45 个人，在招标阶段，我们可以每 3 人一组，分成 15 个招标文件制作小组；同样，在投标阶段，也可以按此办法分成 15 个投标单位，将会产生 15 份投标文件。在开、评标阶段，将全班 45 个人按照每组 9 人，分成 5 个评标小组，每个小组可以评审 3 份投标文件，最终产生 5 组有序排列的中标候选单位。

注：评标小组评标不可以评审本小组编制的投标文件。

(2) 时间安排(见表 5-1)。

表 5-1 时间安排

时　间	标　题	课程内容
4 天	招标阶段	编制招标文件(包括拟定合同条件，编制工程量清单等)
		招标文件备案、发布招标公告、发售招标文件及应有的签收环节
		教师点评学生编制的招标文件，指出其合理与不足，确定一套较为完整的招标文件，作为下周投标的基础
6 天	投标阶段	各个小组领取招标文件并履行招标文件的领取程序
		阅读招标文件，看施工图，查阅资料，做好投标文件编制前的准备工作，并将此过程中产生的疑问记录，整理出需要答疑的文件
		组织现场答疑，针对各小组提出的问题进行答疑并记录，以此为依据出具一份补充文件，作为招标文件中的一部分
		按照招标文件中有关投标文件编制的内容及格式要求，进行技术标及商务标的编制
1 天	开、评标阶段	现场开标、评标

5.4 实 训 考 核

(1) 分为招标阶段考核及投标阶段考核两个部分。

(2) 招标阶段成绩可分为优、良、及格、不及格四个标准。

优：招标文件内容严谨、完整、清晰、符合法律法规规定。

良：招标文件内容较为完整、比较严谨、基本符合法律法规规定。

及格：招标文件较为完整，但有 1～2 处不合理，基本符合法律法规规定。

不及格：招标文件内容不完整，有缺项，且存在 3 处以上不合理，存在违背法律法规规定之处。

(3) 投标阶段。

建议按照评标小组推荐有序排列的中标候选人顺序，或者按照综合评定的分数由高向低的顺序评选。

优：100~80 分(含 80 分)。

良：80~70 分(含 70 分)。

及格：70~60 分(含 60 分)。

不及格：60 分以下。

5.5 实训案例提供资料

(1) 立项批复文件(附件一)。

附件一：

××市发展和改革委员会文件

发改委【2008】490 号

关于××市新建高级技术学校机电技术实训基地项目
可行性研究报告的批复

××市×××局：

　　你局《关于新建高级技术学校建设机电技术实训基地项目立项的请示》收悉。经研究，原则同意该项目可行性研究报告，现批复如下：

　　一、项目选址于××市江湾区宜良道。主要建设内容：新建实训车间 1318 平方米，购置机电技术实训设备 37 台套，项目建成后，可满足机电技术专业 300 名学生实训需要。

　　二、总投资及资金来源：项目总投资 650 万元，其中工程费用 430 万元，购置实训设备 220 万元。资金来源为中央预算内资金 300 万元，其余由学校自筹。

　　接文后，请抓紧组织单位，严格按照国家通知要求，切实加强项目实施和资金管理，严格按照已经批准的建设规模和标准进行建设，保证工程建设进度和质量，确保项目如期竣工。

二〇〇八年×月×日(章)

主题词：实训基地项目　　可行性研究　　批复(共印 10 份)

抄报：××市发展和改革委员会

抄送：市财政局、××市政府

2008 年×月×日印发

(2) 建设工程规划许可证(附件二)。

附件二:

中华人民共和国
建设工程规划许可证

项目总编号: 2007市 0886　　编号: 2009建证 0006

申请编号:　　　　　　　　　类型: 永久建筑

根据《中华人民共和国城乡规划法》第四十条规定,
经审核,本建设工程符合城乡规划要求,颁发此证。

建设单位(个人)	高级技术学校
建设项目名称	机电技术实训基地
建设位置	××区××路学校院内
建设规模	建筑面积: 1318平方米 框架结构, 2层
附图及附件名称	
备注: 地下建筑面积: 0平方米	

遵守事项:

一、本证是城乡规划主管部门依法审核、建设工程符合城乡规划要求的法律凭证。

二、未取得本证或本证规定不按本证进行建设的, 均属违法建设。

三、未经发证机关许可, 本证规定的各项规定不得随意变更。

四、城乡规划主管部门依法有权查验本证, 建设单位(个人)有责任提交查验。

五、本证所需附图与附件由发证机关依法确定, 与本证具有同等法律效力。

发证机关: ××市规划局(章)

日　期: 2008年01月21日

(3) 工程基本概况(附件三)。

附件三：

工程基本概况

工期要求：2012 年＿＿月＿＿日至 2013 年＿＿＿月＿＿日

质量标准：国家质量验收合格标准

招标范围：招标单位所发设计施工图纸及工程量清单所示全部内容

资质要求：房屋建筑工程施工总承包_三_级及以上资质单位

投标有效期：_56_天

投标保证金：人民币壹拾万元整

投标价格计价依据：

① 执行 2004 年《××市建设工程计价法》《××市建筑工程预算基价》《××市安装工程预算基价》。

② 投标截止时间：__年__月___日止

投标文件份数：一正 二_副

投标文件递交地点：学校会议室

投标时间：___年___月___日___时至___时

开标时间：___年___月___日

5.6 参 考 资 料

(1) 某市建设工程合同管理办法(试行)(附件一)

附件一：

××市城乡建设和交通委员会关于印发《××市建设工程合同管理办法》的通知

新区建交局，各区县建委，各有关单位：

为维护我市建筑市场秩序，规范建设工程合同管理，保护合同双方当事人的合法权益，依据《中华人民共和国建筑法》《中华人民共和国合同法》等相关法律、法规，制定了《××市建设工程合同管理办法》。

附件：××市建设工程合同管理办法

年　　月　　日

××市建设工程合同管理办法

第一章 总 则

第一条 为维护我市建筑市场秩序，规范建设工程合同管理，保护合同双方当事人的合法权益，根据有关法律、法规，结合本市实际情况，制定本办法。

第二条 在本市行政区域内进行各类建设工程合同的订立、履约、变更、终止、结算及实施监督管理，应当遵守本办法。

本办法所称建设工程是指土木工程、建筑工程、线路管道和设备安装工程及装修工程。

第三条 建设工程合同双方当事人应当遵循自愿、平等、公平和诚实信用的原则订立合同，依照合同约定行使相应的权利、履行义务。

第四条 市建设交通行政主管部门负责全市建设工程合同的监督管理，对区(县)建设行政主管部门进行业务指导，委托市建设工程合同管理机构具体实施。区(县)建设行政主管部门按照分工负责本辖区内建设工程合同的监督管理，委托区(县)建设工程合同管理机构具体实施。

第二章 合同的订立

第五条 建设工程的发包单位和承包单位应当依法订立书面建设工程合同。

第六条 建设工程合同的订立主体应具备法律规定的相应资质、资格，能够依法独立承担民事责任。

第七条 实行招标的建设工程，发包单位和承包单位应当自中标通知书发出之日起 30 日内，按照招标文件和中标人的投标文件依法订立建设工程合同。

属于暂估价形式的招标，确定中标单位后，由总承包单位与中标单位按中标结果签订合同。

除依法变更外，合同双方当事人不得再行订立背离合同实质性内容的其他协议。

第八条 建设工程合同双方当事人在签订合同时，可使用国家或者本市统一印制的合同示范文本，并可以在不违反国家法律、法规的前提下对示范文本的有关内容进行调整。

约定采用其他文本的，合同文本内容应符合法律、法规和相关规范性文件的规定。

第九条 建设工程合同的主要内容，应当包括工程内容、承包范围、建设工期、中间交工工程的开工和竣工时间、工程质量、工程造价、技术资料交付时间、材料和设备供应责任、拨款和结算、竣工验收、质量保修范围和质量保证期、双方相互协助的义务、违约责任、履约担保、争议解决方式等。

第十条 订立建设工程合同时，发包单位要求承包单位提供履约担保的，承包单位应当提供担保；承包单位要求发包单位提供工程款支付担保的，发包单位应当提供担保。

第十一条 发包单位和承包单位所提供的担保应真实有效，并符合国家及我市建设工程担保管理的相关规定。

第三章 合同的履约、变更、终止、结算

第十二条 合同双方当事人应当按照建设工程合同的约定履行义务。

第十三条 对建设工程施工类合同经备案后，合同双方当事人需将合同履约过程中的相关信息，通过市建设交通行政主管部门建立的建筑市场监管与信用信息平台进行提交。

第十四条 对建设工程合同履行过程中发生合同变更及合同约定允许调整的内容，合同双方当事人应当及时对合同变更事项或者合同约定允许调整的内容如实记录，并履行书面

确认手续，签订原合同的补充合同。

第十五条 在合同履行中，原合同范围内项目与工程量变化，导致变更价款超出原合同价款±20%以上，应提供具有相应资质的第三方造价咨询机构出具的造价审核资料，以及建设工程变更所需的相关要件，办理合同变更备案手续。

第十六条 建设工程合同因履行完毕终止的，合同双方当事人应根据法律、法规和规范性文件的规定进行竣工结算，并办理合同结算备案。

按照合同双方当事人协商或成就合同解除条件时，合同双方当事人应当签订解除合同。解除合同未经备案，发包单位不得对其内容发包或进行招标投标程序。

第十七条 对建设工程施工类合同，完成竣工结算后，竣工验收备案前，发包单位应依据国家及我市相关规定完成结算备案。

第十八条 建设工程施工合同结算，可委托具有相应资质的造价咨询机构审核；也可以由具有注册造价工程师执业资格的发包单位自行审核。合同双方当事人对结算文件均无争议的，可将双方审核的结算文件作为结算备案依据。

第十九条 对于未经建设工程合同管理机构结算备案的合同，质量监督管理机构将不予办理竣工验收备案。

第二十条 合同双方当事人对经备案的建设工程合同进行变更、中止、解除或完成竣工结算，自变更、中止、解除或竣工结算完成之日起15日内，应分别到原建设工程合同管理机构备案。

第四章 合同的监督管理

第二十一条 本市实行各类建设工程合同备案(含建设工程施工类合同结算备案)制度。

第二十二条 市建设工程合同管理机构负责各类建设工程合同备案工作。区(县)建设工程合同管理机构负责区(县)招标投标监管的建设工程合同备案工作。

滨海新区建设工程合同管理机构负责辖区内各类建设工程合同备案工作。

本市企业在本市承揽建设工程所订立的专业或劳务分包合同，应到工程所在地的区(县)建设工程合同管理机构备案。

第二十三条 外地企业在市或区(县)承揽建设工程所订立的总承包、专业承包合同、暂估价承包合同，应到市或区(县)建设工程合同管理机构进行合同备案，再到市施工队伍管理机构进行项目登记。

外地企业在本市承揽建设工程所订立的专业或劳务分包合同，应到市施工队伍管理机构备案。

第二十四条 合同签订后15日内，发包单位应当向建设工程合同管理机构备案。

第二十五条 合同双方当事人应通过市建设交通行政主管部门建立的建筑市场监管与信用信息平台，进行建设工程合同网上提交。

在网上完成提交且审核通过后，应携带下载打印的合同文件、业务办理通知单及相关资料到建设工程合同管理机构进行合同的书面备案。

第二十六条 建设工程合同管理机构应当在备案申请人报送全部文件资料后，依法对建设工程合同进行核查，对符合规定的报备合同予以备案并加盖备案专用章，注明日期。

第二十七条 合同备案核查的主要内容：

1. 合同条款是否符合法律、法规或规章的要求；
2. 合同中有无损害国家、社会和第三者利益的条款；

3. 合同的实质性条款是否与招标文件、中标人的投标文件内容一致；

4. 合同条款是否完整、内容是否详尽、准确，有无显失公平条款；

5. 合同内容是否前后相悖。

第二十八条 完成合同备案手续后，合同双方当事人应做好合同档案的保管工作，承包单位应在施工现场留存合同副本备查。

第二十九条 市、区(县)建设工程合同管理机构对建设工程合同签订、履约、结算的三环节，应实行动态监督管理。

第三十条 市、区(县)建设工程合同管理机构应对合同的履约情况开展执法检查，其中：

在建设项目基础施工阶段，重点核查施工现场的勘察、设计、监理、施工等合同是否订立，且完成备案；

在建设项目的主体施工阶段，对总承包合同下的各类专业承包、分包、劳务分包、暂估价合同的订立、备案情况进行掌控，核查合同中主要条款的履行情况；

在建设项目的收尾阶段，重点核查装饰装修、幕墙、消防、电梯及其配套工程等专业承包合同的订立、备案情况，以及工程建设项目合同履约、结算情况。

第三十一条 建设工程合同双方当事人违反本办法的有关规定，依据《××市建筑市场管理条例》《××建设工程招标投标监督管理规定》责令限期改正，逾期不改的依法进行处罚。

第三十二条 建设工程合同双方当事人在合同订立、履行过程中发生违法行为的，应当将其违法行为记入建筑市场信用信息系统。

第三十三条 对合同双方当事人按照本办法第十三条要求所提交的合同履约过程信息，建设工程合同管理机构将不定期进行抽查，对于履约信息填写不真实的工程项目，责令限期改正，逾期不改正的，会同有关部门予以查处。

第三十四条 建设工程合同双方当事人如对建设工程合同管理机构责令改正的决定不服，可以在合同双方当事人知道或者应当知道该决定的 7 个工作日内向做出决定的建设工程合同管理机构提出异议；建设工程合同管理机构收到异议申请后，应于 15 个工作日内对相关事实进行核实并出具书面答复意见。

第三十五条 建设工程合同双方当事人如对合同管理机构的答复仍不服，可向建设行政主管部门提出申诉。建设行政主管部门收到申诉后，应在 30 个工作日内提出处理意见并给予书面答复。

第三十六条 合同双方当事人订立的建设工程合同与备案的合同内容不一致的，以备案的合同为准。

第三十七条 在工程合同履行过程中发生争议，经自行协商后未能解决的，经合同双方当事人同意，可根据合同约定选择向建设行政主管部门申请调解，调解不成的，应根据合同约定的争议解决方式，向仲裁机构申请仲裁或者向人民法院起诉。

第五章　附　　则

第三十八条 本办法由市建设交通行政主管部门负责解释。

第三十九条 本办法自×年×月×日起施行。原《某某市建设工程施工合同管理办法》同时废止。

××市城乡建设和交通委员会办公室　　　　　×年×月×日 印发

(2) 某市小型建设工程施工合同(附件二)

附件二：

某　市

小型建设工程施工合同

工程名称：＿＿＿＿＿＿＿＿＿＿＿＿＿＿

工程编号：＿＿＿＿＿＿＿＿＿＿＿＿＿＿

建设单位：＿＿＿＿＿＿＿＿＿＿＿＿＿＿

施工单位：＿＿＿＿＿＿＿＿＿＿＿＿＿＿

签订日期：＿＿＿＿＿＿＿＿＿＿＿＿＿＿

某市城乡建设委员会
某市工商行政管理局
某市小型建设工程施工合同

发包方：(简称甲方) _____

承包方：(简称乙方) _____

依照《中华人民共和国合同法》《中华人民共和国建筑法》及国家工商行政管理局和建设部颁发的《建设工程施工合同(GF-1999-0201)示范文本》，结合××市有关规定， 经双方协商一致， 签订本合同。

第一条　工程概况

1.1　工程名称： _____

1.2　工程地点： _____

1.3　工程内容：(详见工程项目一览表)

1.4　承包范围： _____

1.5　承包方式： _____

1.6　合同价款：本工程造价_____元

金额大写： _____

第二条　工程期限

2.1　全部工程开工日期:本工程定于____年____月____日开工。

2.2　全部工程竣工日期:本工程定于____年____月____日竣工。

2.3　全部工程总日历天数_____天。

2.4　各单项工程开竣工日期详见工程项目一览表。

第三条　工期延误与工期奖罚

3.1　延期开工。乙方因故不能按时开工，应在约定的开工日期提前五天，向甲方提出延期开工的理由和要求。甲方代表应在三天内书面答复乙方。甲方同意延期要求或三天内不予答复，工期相应顺延。如乙方理由不充足，甲方不同意延期或乙方未在规定时间内提出延期开工要求的，工期不予顺延。

3.2　暂停施工。甲方代表认为必要时，可提出暂停施工要求，并在停工后 48 小时内提出处理意见。乙方在实施甲方代表的处理意见后，应及时提出复工要求，甲方代表应在 24 小时予以答复。甲方未能在规定时间内提出处理意见，或收到乙方复工要求时限内未予答复，乙方可自行复工。停工责任在甲方的，由甲方承担经济支出，工期相应顺延；停工责任在乙方的，由乙方承担发生的费用。因甲方代表不及时做出答复，施工无法进行的，乙方可认为甲方已部分或全部取消合同，由甲方承担违约责。

3.3　工期延误。下列情况造成竣工日期推迟的，经甲方代表确认，工期相应顺延。

3.3.1　工程量变化和设计变更。

3.3.2　一周内，非乙方原因停水、停电、停气影响施工造成停工累计超过 8 小时。

3.3.3　施工中遇到不可预见障碍物或古墓、文物、流沙等需处理时。

3.3.4　甲方未按约定时间供应材料，或未按时拨付工程款及甲方代表签认同意给予顺延的情况。

3.3.5　不可抗力(指战争、动乱、空气飞行体坠落或其他非甲乙双方造成的爆炸、火灾，以及协议条款约定的等级以上的风、雨、雪、震等对工程造成损害的自然灾害)。

乙方在以上情况发生后五天内向甲方提出报告，甲方在收到报告后五天内予以确认答复，逾期不答复，乙方即可视为延期要求已被确认。

非上述原因，工程不能按合同工期竣工的，乙方承担违约责任。

3.4 工期奖罚。根据工期定额标准双方约定的工期完成日期，对于工程提前或延误的奖罚费用，双方应拟订如下条款：

3.4.1 因乙方原因造成的工期延误，每延误一天扣工程结算价的千分之五。

3.4.2 提前完工不奖励。

3.4.3 _____

3.4.4 _____

第四条 甲方工作

4.1 办理施工所需证件、批件，清理场地，修复现场干道，保证运输畅通。

4.2 将施工所需水、电源、线路从施工场地外部接至施工现场双方商定地点，并保证施工期间的需要。

4.3 将水准点与坐标控制点以书面形式交给乙方，并进行现场交验。

4.4 甲方在开工前 15 天将工程施工图八份及有关技术资料提供给乙方。

4.5 组织设计院、乙方进行图纸会审，并向乙方进行设计交底。

4.6 协调处理施工现场周围地下管线和邻近建筑物、构筑物的保护要求，并承担有关费用。

甲方不按合同约定完成工作造成施工损失的，应承担经济责任，工期相应顺延。

第五条 乙方工作

5.1 按双方约定的日期，向甲方提供年、季、月工程进度计划及统计报表和工程事故报告，并提供施工用电、用水计划。

5.2 乙方应在_____年____月____日前将施工组织设计(或施工方案)交与甲方，甲方应在____日内批准或提出修改意见，逾期即可认为已经批准。

5.3 乙方必须按批准的进度计划组织施工，接受甲方对进度的检查监督。

5.4 已竣工程在验收之前，负责对已完工程的成品保护。保护期间发生的损坏若系乙方责任，由乙方负责修复；若系甲方提前使用后发生的损坏，修理费用由甲方承担。

5.5 按约定的要求做好施工现场地下管线和邻近建筑物、构筑物的保护工作。

5.6 严格执行我市关于施工现场管理的有关规定，交工前清理现场，达到建筑物无污染、现场无建筑垃圾的要求。

乙方不按合同约定完成工作，造成工程损失的，应承担经济责任。

第六条 价款支付与调整

6.1 工程预付款：在合同签订后，按天津市有关文件规定，三日内甲方按工程合同造价_____%，计人民币_____元 ， 支付给乙方。

6.2 工程进度款按××市关于工程进度款拨付办法的规定办理。

_____

6.3 合同价款的调整。合同签订后，任何一方不得擅自改变，但发生以下情况之一的，可以调整。

6.3.1 甲方同意的设计变更及工程量增减。

6.3.2　工程造价管理部门公布的价格调整。

6.3.3　双方约定的其他增减或调整。

6.4　甲方不按合同规定的付款方式拨付工程款时，乙方可向甲方发出付款要求通知，甲方在收到乙方通知＿＿＿＿＿天内仍不能按要求支付时，甲方应承担从拖欠之日起的违约责任。

第七条　材料设备供应

7.1　甲方供应材料设备，甲方应向乙方提供所供材料设备的产品合格证及材质证书。

7.2　甲方委托乙方保管所供应的材料设备时，保管费用＿＿＿＿＿元由甲方承担。保管期间材料设备发生损坏丢失，乙方负责赔偿。

7.3　甲方应按双方约定时间、地点供应材料设备，未按要求时间供货所造成的损失由甲方负责。甲方供应材料设备的品种、数量、规格与清单不符时，由甲方重新采购并补齐数量。

7.4　乙方采购的材料设备应符合设计和规范要求，并附有合格证。

7.5　根据工程需要，经甲方批准，乙方可使用代用材料。

7.6　甲方委托乙方采购的材料设备，采购之前，在价格、质量方面应取得甲方同意的签证，价差由甲方承担。

第八条　质量与验收

8.1　乙方应认真按照国家颁布的施工验收规范及工程设计图纸要求进行施工，接受甲方监督，质量验收必须达到合格。对不合格的分项工程，乙方应按规范要求承担返修工作及费用。因甲方原因或其他非乙方原因引起的经济支出由甲方承担。甲方要求优良工程，其增加的费用由双方商定后纳入补充条款。

8.2　隐蔽工程验收。工程具备覆盖、掩埋条件或达到条款约定的部位，乙方自检合格后在隐蔽施工前 24 小时通知甲方验收，验收合格后方可进行隐蔽工程施工。

8.3　工程具备竣工验收条件，双方根据国家工程竣工的有关规定进行验收。

8.4　乙方在工程验收前 5 天将验收报告送交甲方。甲方在收到报告后 5 天内组织验收，无正当理由不组织验收或验收后 5 天内不予批准且不能提出修改意见的，可视为竣工验收报告已被批准。

8.5　已竣工未验收工程，交工前由乙方保管，甲方不得动用。甲方如需提前使用，即视为通过竣工验收。

8.6　乙方在验收后＿＿＿＿＿天内向甲方提供完整的竣工资料和竣工图＿＿＿套。

第九条　设计变更

9.1　施工中如需设计变更，须由甲方取得以下批准：超过原设计标准和规模时，经原设计和规划审查部门批准，送原设计单位审查后，取得相应的图纸和说明。

9.2　乙方对原设计进行变更，须经甲方同意；甲方对原设计进行变更，须向乙方发出正式变更通知，乙方按通知要求进行变更。

9.3　由于设计变更导致的经济支出，由双方以补充协议的方式予以明确。

第十条　竣工结算

10.1　已完工程竣工验收后，乙方在 28 天内将工程结算书送交甲方，甲方在 20 天内审核完毕，并签署审核意见。双方无争议时，甲方负责向乙方支付工程结算款，乙方收到工程款后＿＿＿＿＿天内将工程交付甲方。如双方意见不一致，可报请有关部门调解。若甲方在收到结算书后_____天内未提出审查意见，工程结算视为批准。

10.2 由于甲方违反有关规定，经办行不能支付工程款的，乙方可将部分或全部工程妥善保护，保护费由甲方承担。

10.3 甲方无正当理由在批准竣工报告后 30 天内不办理结算，从第 31 天起按施工企业计划外贷款的利率支付拖欠工程款利息，并承担违约责任。

第十一条 工程保修

11.1 保修金。甲方从应付乙方的工程款内，按合同工程价款的____%预留工程保修费用。待保修期过后，退还乙方本金及利息。

11.2 保修项目及保修期限。

11.3 保修期间，因施工质量问题，甲方提出要求，乙方应在接到修理通知后 10 天内派人修理。否则，甲方可委托其他单位和人员修理。因乙方原因造成返修的费用，甲方在保修金内扣除，不足部分由乙方支付；因乙方之外原因造成的返修经济支出由甲方承担。

第十二条 争议、仲裁

12.1 甲乙双方在合同执行过程中发生争议，当事人应本着协商的原则解决，协商不成时，可按下列第____种方式解决：

① 向仲裁委员会申请仲裁；

② 向人民法院起诉。

第十三条 甲、乙方驻工地代表

13.1 甲方驻工地代表姓名：___(委派人员和职责附后)。

13.2 甲方委托监理工程师姓名：_____被授权范围_____
_____。

13.3 乙方驻工地代表姓名：___(有关人员名单和职责附后)。

第十四条 合同附件

14.1 在本合同签订之前，双方签订的施工准备工程协议书。

14.2 招标文件。

14.3 工程项目一览表。

14.4 甲方负责供应的材料设备一览表。

14.5 全部施工图纸(合同正本及审查标底部门有此附件)。

14.6 有关协议条款及补充合同：

14.6.1 _____

14.6.2 _____

14.6.3 _____

14.6.4 _____

第十五条 合同份数及有效期

15.1 本合同一式_____份。甲乙双方各执正本一份，副本_____份,甲方_____份,乙方_____份，由甲方送经办银行及合同管理办公室各一份备案。

15.2 本合同自双方签订之日起生效。

合同签订时间： 年 月 日

合同签订地点：

发包方(盖章)：　　　　　　　承包方(盖章)：

单位地址：　　　　　　　　　单位地址：

法定代表人(盖章)：　　　　　法定代表人(盖章)：

委托代理人(盖章)：　　　　　委托代理人(盖章)：

电　　话：　　　　　　　　　电　　话：

电　　挂：　　　　　　　　　电　　挂：

开户银行：　　　　　　　　　开户银行：

账　　号：　　　　　　　　　账　　号：

邮政编码：　　　　　　　　　邮政编码：

合同管理

办公室

意见

(章)

年　　月　　日

(3)　某市建设工程施工合同(附件三)

① 协议书(附件 1)

② 专用条款(附件 2)

③ 承包人承揽工程项目一览表(附件 3)

④ 发包人供应材料设备一览表(附件 4)

⑤ 工程质量保修书(附件 5)

⑥ 施工合同通用条款(附件 6)

附件三：

某　　市

建设工程施工合同

某市城乡建设委员会

　　　　　　　　监制

某市工商行政管理局

附件 1：

协 议 书

发包人(全称)：

承包人(全称)：

依照《中华人民共和国合同法》《中华人民共和国建筑法》及其他有关法律、行政法规，遵循平等、自愿、公平和诚实信用的原则，双方就本建设工程施工项目协商一致，订立本合同。

一、工程概况

工程名称：

工程地点：

工程内容：

群体工程应附承包人承揽工程项目一览表(附件 3)

工程立项批准文号：

资金来源：

二、工程承包范围

承包范围：

三、合同工期：

开工日期：

竣工日期：

合同工期总日历天数　　　　天

四、质量标准

工程质量标准：

五、合同价款

金额(大写)：　　　　　　　　元(人民币)￥：　　　　　　　元

六、组成合同的文件

组成本合同的文件包括：

1. 本合同协议书(附件 1)

2. 中标通知书

3. 投标书及其附件

4. 本合同专用条款(附件 2)

5. 本合同通用条款(附件 6)

6. 标准、规范及有关技术文件

7. 图纸

8. 工程量清单

9. 工程报价单或预算书

双方有关工程的洽商、变更等书面协议或文件视为本合同的组成部分。

七、本协议书中有关词语的含义与本合同附件6《通用条款》中分别赋予它们的定义相同。

八、承包人向发包人承诺按照合同约定进行施工、竣工并在质量保修期内承担工程质量保修责任。

九、发包人向承包人承诺按照合同约定的期限和方式支付合同价款及其他应当支付的款项。

十、合同生效

合同订立时间：　　　年　　月　　日

合同订立地点：

本合同双方约定　　　　　　　　　　　　　　　后生效。

发　包　人：(公章)　　　　　　　　　承　包　人：(公章)

住　　　所：　　　　　　　　　　　　住　　　所：

法定代表人：　　　　　　　　　　　　法定代表人：

委托代表人：　　　　　　　　　　　　委托代表人：

电　　　话：　　　　　　　　　　　　电　　　话：

传　　　真：　　　　　　　　　　　　传　　　真：

开 户 银 行：　　　　　　　　　　　　开 户 银 行：

账　　　号：　　　　　　　　　　　　账　　　号：

邮 政 编 码：　　　　　　　　　　　　邮 政 编 码：

合同管理办公室意见：

　　　　　　　　　　　　　　　　　　　　　　　　　　　　(章)

　　　　　　　　　　　　　　　　　　　　　　　　年　月　日

附件 2：

专 用 条 款

1. 词语定义及合同文件

2. 合同文件及解释顺序

合同文件的组成及解释顺序。

3. 语言文字和适用法律、标准及规范

3.1 本合同除使用汉语外，还使用_____语言文字。

3.2 适用法律和法规需要明示的法律、行政法规。

3.3 适用标准、规范

适用标准、规范的名称。

发包人提供标准、规范的时间。

国内没有相应标准、规范时的约定。

4. 图纸

4.1 发包人向承包人提供图纸的日期和套数。

发包人对图纸的保密要求。

使用国外图纸的要求及费用承担。

二、双方一般权利和义务

5. 工程师

5.2 监理单位委派的工程师

姓名：　　　　　　　　职务：

发包人委托的职权：

需要取得发包人批准才能行使的职权：

5.3 发包人派驻的工程师

姓名：　　　　　　　　职务：

职权：

5.6 不实行监理的，工程师的职权。

7. 项目经理

姓名：　　　　　　　　职务：

8. 发包人工作

8.1 发包人应按约定的时间和要求完成以下工作：

(1) 施工场地具备施工条件的要求及完成的时间。

(2) 将施工所需的水、电、电信线路接至施工场地的时间、地点和供应要求。

(3) 施工场地与公共道路的通道开通时间和要求。

(4) 工程地质和地下管线资料的提供时间。

(5) 由发包人办理的施工所需证件、批件的名称和完成时间。

(6) 水准点与坐标控制点交验要求。

(7) 图纸会审和设计交底时间。

(8) 协调处理施工场地周围地下管线和邻近建筑物、构筑物(含文物保护建筑)、古树名木的保护工作。

(9) 双方约定发包人应做的其他工作。

8.2 发包人委托承包人办理的工作。

9．承包人工作

9.1 承包人应按约定的时间和要求，完成以下工作：

(1) 需由设计资质等级和业务范围允许的承包人完成的设计文件提交时间。

(2) 应提供计划、报表的名称及完成时间。

(3) 承担施工安全保卫工作及非夜间施工照明的责任和要求。

(4) 向发包人提供的办公和生活房屋及设施的要求。

(5) 需承包人办理的有关施工场地交通、环卫和施工噪音管理等手续。

(6) 已完工程成品保护的特殊要求及费用承担。

(7) 施工场地周围地下管线和邻近建筑物、构筑物(含文物保护建筑)、古树名木的保护要求及费用承担。

(8) 施工场清洁卫生的要求。

(9) 双方约定承包人应做的其他工作。

三、施工组织设计和工期

10．进度计划

10.1 承包人提供施工组织设计(施工方案)和进度计划的时间：工程师确认的时间。

10.2 群体工程中有关进度计划的要求。

13．工期延误

13.1 双方约定工期顺延的其他情况。

四、质量与验收

17．隐蔽工程和中间验收

17.1 双方约定的中间验收部位。

19．工程试车

19.5 试车费用的承担。

五、安全施工

六、合同价款与支付

23．合同价款及调整

23.2 本合同价款采用＿＿＿＿＿＿＿＿＿＿＿＿＿＿＿＿＿＿方式确定。

(1) 采用固定价格合同，合同价款中包括的风险范围：

风险费用的计算方法。

风险范围以外合同价款的调整方法。

(2) 采用可调价格合同，合同价款调整方法。

(3) 采用成本加酬金合同，有关成本和酬金的约定。

23.3 双方约定合同价款的其他调整因素。

24．工程预付款

发包人向承包人预付工程款的时间和金额或占合同价款总额的比例。

扣回工程款的时间、比例。

25．工程量确认

25.1 承包人向工程师提交已完工程量报告的时间。

26．工程款(进度款)支付

双方约定的工程款(进度款)支付的方式和时间。

七、材料设备供应

27．发包人供应

27.4 发包人供应的材料设备与一览表出现下列不符时，双方约定由发包人承担责任如下：

(1) 材料设备单价与一览表不符：

(2) 材料设备的品种、规格、型号、质量等级与一览表不符。

(3) 承包人可代为调剂串换的材料。

(4) 到货地点与一览表不符。

(5) 供应数量与一览表不符。

(6) 到货时间与一览表不符。

27.6 发包人供应材料设备的结算方法。

28．承包人采购材料设备

28.1 承包人采购材料设备的约定。

八、工程变更

九、竣工验收与结算

32．竣工验收

32.1 承包人提供竣工图的约定。

32.6 中间交工工程的范围和竣工时间。

十、违约、索赔和争议

35．违约

35.1 本合同中关于发包人违约的具体责任如下：

本合同通用条款第 24 条约定发包人违约应承担的违约责任。

本合同通用条款第 26.4 款约定发包人违约应承担的违约责任。

本合同通用条款第 33.3 款约定发包人违约应承担的违约责任。

双方约定的发包人其他违约责任。

35.2 本合同中关于承包人违约的具体责任如下：

本合同通用条款第 14.2 款约定承包人违约承担的违约责任。

本合同通用条款第 15.1 款约定承包人违约应承担的违约责任。

双方约定的承包人其他违约责任。

37．争议

37.1 双方约定，在履行合同过程中产生争议时，先进行调解。调解不成时，采取第____种方式解决：

(1) 向市仲裁委员会提请仲裁。

(2) 向人民法院提起诉讼。

十一、其他

38．工程分包

38.1 本工程发包人同意承包人分包的工程。

分包施工单位为。

39．不可抗力

39.1 双方关于不可抗力的约定。

40．保险

40.6 本工程双方约定投保内容如下：

(1) 发包人投保内容。

发包人委托承包人办理的保险事项。

(2) 承包人投保内容。

41．担保

41.3 本工程双方约定担保事项如下：

(1) 发包人向承包人提供履约担保，担保方式为。

担保合同作为本合同附件。

(2) 承包人向发包人提供履约担保，担保方式为。

担保合同作为本合同附件。

(3) 双方约定的其他担保事项。

46．合同份数

46.1 双方约定合同副本份数。

47．补充条款

附件 3：承包人承揽工程项目一览表

承包人承揽工程项目一览表

单位工程名称	建设规模	建筑面积/m²	结　构	层　数	跨度/m	设备安装内容	工程造价/元	开工日期	竣工日期

附件 4：发包人供应材料设备一览表

发包人供应材料设备一览表

序号	材料设备品种	规格型号	单位	数量	单价	质量等级	供应时间	送达地点	备注

附件 5：

工程质量保修书

发包人(全称)：

承包人(全称)：

发包人、承包人根据《中华人民共和国建筑法》《建设工程质量管理条款》和《房屋建筑工程质量保修办法》，经协商一致，对(工程全称)签订工程质量保修书。

一、工程质量保修范围和内容

承包人在质量保修期内，按照有关法律、法规、规章的管理规定和双方约定，承担本工程质量的保修责任。

质量保修范围包括地基基础工程，主体结构工程，屋面防水工程，有防水要求的卫生间、房间和外墙面的防渗楼，供热与供冷系统，电气管线、给排水管道、设备安装和装修工程，以及双方约定的其他项目。

具体的质量保修内容，双方约定如下。

二、质量保修期

双方根据《建设工程质量管理条例》及有关规定，约定本工程质量保修期如下：

地基基础工程和主体结构工程为设计文件规定的该工程合理使用年限；屋面防水工程、有防水要求的卫生间、房间和外墙面的防水渗漏为_____年；装修工程为_____年；电气管线、给排水管道、设备安装工程为_____年；供热及供冷系统为_____个采暖期、供冷期；住宅小区内的给排水设施、道路等配套工程为_____年。

其他项目保修期限约定如下：

质量保修期自工程竣工验收合格之日起计算。

三、质量保修责任

(1) 属于保修范围和内容的项目，承包人应当在接到保修通知之日起 7 天内派人保修。承包人不在约定期限内派人保修的，发包人可以委托他人修理。

(2) 发生须紧急抢修事故的，承包人在接到事故通知后，应当立即到达事故现场抢修。

(3) 对于涉及结构安全的质量问题，应当按照《房屋建筑工程质量保修办法》的规定，立即向当地建设行政主管部门报告，采取安全防范措施；由原设计单位或者具有相应资质等级的设计单位提出保修方案，承包人实施保修。

(4) 质量保修完成后，由发包人组织验收。

四、保修费用

保修费用由造成质量缺陷的责任方承担。

五、其他

(1) 双方约定的其他工程质量保修事项。

(2) 本工程约定的工程质量保修金为施工合同价款的_____%。

发包人在质量保修期满后 14 天内，将剩余保修金返还承包人。

本工程质量保修书由施工合同发包人、承包人双方在竣工验收前共同签署，作为施工合同的附件，其有效期限至保修期满。

发包人(公章)：　　　　　　　　承包人(公章)：
法定代表人：　　　　　　　　　　法定代表人：
　　年　月　日　　　　　　　　　　年　月　日

附件 6：

施工合同通用条款

一、词语定义及合同文件

1．词语定义

下列词语除专用条款另有约定外，应具有本条所赋予的定义：

1.1 通用条款：是根据法律、行政法规规定及建设工程施工的需要订立，通用于建设工程施工的条款。

1.2 专用条款：是发包人与承包人根据法律、行政法规规定，结合具体工程实际，经协商达成一致意见的条款，是对通用条款的具体化、补充或修改。

1.3 发包人：指在协议书中约定，具有工程发包主体资格和支付工程价款能力的当事人以及取得该当事人资格的合法继承人。

1.4 承包人：指在协议书中约定，被发包人接受的具有工程施工承包主体资格的当事人以及取得该当事人资格的合法继承人。

1.5 项目经理：指承包人在专用条款中指定的负责施工管理和合同履行的代表。

1.6 设计单位：指发包人委托的负责本工程设计并取得相应工程设计资质等级证书的单位。

1.7 监理单位：指发包人委托的负责本工程监理并取得相应工程监理资质等级证书的单位。

1.8 工程师：　指本工程监理单位委派的总监理工程师或发包人指定的履行本合同的代表，其具体身份和职权由发包人和承包人在专用条款中约定。

1.9 工程造价管理部门：指国务院有关部门、县级以上人民政府建设行政主管部门或其委托的工程造价管理机构。

1.10 工程：指发包人和承包人在协议书中约定的承包范围内的工程。

1.11 合同价款：指发包人和承包人在协议书中约定，发包人用以支付承包人按照合同约定完成承包范围内全部工程并承担质量保修责任的款项。

1.12　追加合同价款：指在合同履行中发生需要增加合同价款的情况，经发包人确认后按计算合同价款的方法增加的合同价款。

1.13　费用：指不包含在合同价款之内的应当由发包人或承包人承担的经济支出。

1.14　工期：指发包人和承包人在协议书中约定，按总日历天数(包括法定节假日)计算的承包天数。

1.15　开工日期：指发包人和承包人在协议书中约定，承包人开始施工的绝对或相对的日期。

1.16　竣工日期：指发包人和承包人在协议书中约定，承包人完成承包范围内工程的绝对或相对的日期。

1.17　图纸：指由发包人提供或由承包人提供并经发包人批准，满足承包人施工需要的所有图纸(包括配套说明和有关资料)。

1.18　施工场地：指由发包人提供的用于工程施工的场所以及发包人在图纸中具体指定的供施工使用的任何其他场所。

1.19　书面形式：指合同书、信件和数据电文(包括电报、电传、传真、电子数据交换和电子邮件)等可以有形地表现所载内容的形式。

1.20　违约责任：指合同一方不履行合同义务或履行合同义务不符合约定所应承担的责任。

1.21　索赔：指在合同履行过程中，对于并非自己的过错，而是应由对方承担责任的情况所造成的实际损失，向对方提出经济补偿和(或)工期顺延的要求。

1.22　不可抗力：指不能预见、不能避免并不能克服的客观情况。

1.23　小时或天：本合同中规定按小时计算时间的，从事件有效开始时计算(不扣除休息时间)；规定按天计算时间的，开始当天不计入，从次日开始计算。时限的最后一天是休息日或者其他法定节假日的，以节假日次日为时限的最后一天，但竣工日期除外。时限的最后一天的截止时间为当日 24 时。

2．合同文件及解释顺序

2.1　合同文件应能相互解释，互为说明。除专用条款另有约定外，组成本合同的文件及优先解释顺序如下：

(1) 本合同协议书

(2) 中标通知书

(3) 投标书及其附件

(4) 本合同专用条款

(5) 本合同通用条款

(6) 标准、规范及有关技术文件

(7) 图纸

(8) 工程量清单

(9) 工程报价单或预算书

合同履行中，发包人和承包人有关工程的洽商、变更等书面协议或文件视为本合同的组成部分。

2.2　当合同文件内容含糊不清或不相一致时，在不影响工程正常进行的情况下，由发包人和承包人协商解决。双方也可以提请负责监理的工程师作出解释。双方协商不成或不同意负责监理的工程师的解释时，按本通用条款第 37 条关于争议的约定处理。

3．语言文字和适用法律、标准及规范

3.1 语言文字

本合同文件使用汉语语言文字书写、解释和说明。如专用条款约定使用两种以上(含两种)语言文字时，汉语应为解释和说明本合同的标准语言文字。

在少数民族地区，双方可以约定使用少数民族语言文字书写和解释、说明本合同。

3.2 适用法律和法规

本合同文件适用国家的法律和行政法规。需要明示的法律、行政法规，由双方在专用条款中约定。

3.3 适用标准、规范

双方在专用条款中约定适用国家标准、规范的名称；没有国家标准、规范但有行业标准、规范的，约定适用行业标准、规范的名称；没有国家和行业标准、规范的，约定适用工程所在地地方标准、规范的名称。发包人应按专用条款约定的时间向承包人提供一式两份约定的标准、规范。

国内没有相应标准、规范的，由发包人按专用条款约定的时间向承包人提出施工技术要求，承包人按约定的时间和要求提出施工工艺，经发包人认可后执行。发包人要求使用国外标准、规范的，应负责提供中文译本。

本条所发生的购买、翻译标准、规范或制定施工工艺的费用，由发包人承担。

4．图纸

4.1 发包人应按专用条款约定的日期和套数，向承包人提供图纸。承包人需要增加图纸套数的，发包人应代为复制，复制费用由承包人承担。发包人对工程有保密要求的，应在专用条款中提出保密要求，保密措施费用由发包人承担，承包人在约定保密期限内履行保密义务。

4.2 承包人未经发包人同意，不得将本工程图纸转给第三人。工程质量保修期满后，除承包人存档需要的图纸外，应将全部图纸退还给发包人。

4.3 承包人应在施工现场保留一套完整的图纸，供工程师及有关人员进行工程检查时使用。

二、双方一般权利和义务

5．工程师

5.1 实行工程监理的，发包人应在实施监理前将委托的监理单位名称、监理内容及监理权限以书面形式通知承包人。

5.2 监理单位委派的总监理工程师在本合同中称为工程师，其姓名、职务、职权由发包人和承包人在专用条款内写明。工程师应按合同约定行使职权，发包人在专用条款内要求工程师在行使某些职权前需要征得发包人批准的，工程师应征得发包人批准。

5.3 发包人派驻施工场地履行合同的代表在本合同中也称为工程师，其姓名、职务、职权由发包人在专用条款内写明，但职权不得与监理单位委派的总监理工程师职权相互交叉。双方职权发生交叉或不明确时，由发包人予以明确，并以书面形式通知承包人。

5.4 合同履行中，发生影响发包人承包人双方权利或义务的事件时，负责监理的工程师应依据合同在其职权范围内客观公正地进行处理。一方对工程师的处理有异议时，按本通用条款第 37 条关于争议的约定处理。

5.5 除合同内有明确约定或经发包人同意外，负责监理的工程师无权解除本合同约定的承包人的任何权利与义务。

5.6 不实行工程监理的，本合同中的工程师专指发包人派驻施工场地履行合同的代表，其具体职权由发包人在专用条款内写明。

6. 工程师的委派和指令

6.1 工程师可以委派工程师代表，行使合同约定的自己的职权，并可在认为必要时撤回委派。委派和撤回均应提前 7 天以书面形式通知承包人，负责监理的工程师还应将委派和撤回通知告知发包人。委派书和撤回通知作为本合同附件。

工程师代表在工程师授权范围内向承包人发出的任何书面形式的函件，与工程师发出的函件具有同等效力。承包人对工程师代表向其发出的任何书面形式的函件有疑问时，可将此函件提交工程师，工程师应进行确认。工程师代表发出指令有误时，工程师应进行纠正。

除工程师或工程师代表外，发包人派驻工地的其他人员均无权向承包人发出任何指令。

6.2 工程师的指令、通知由其本人签字后，以书面形式交给项目经理，项目经理在回执上签署姓名和收到时间后生效。确有必要时，工程师可发出口头指令，并在 48 小时内给予书面确认，承包人对工程师的指令应予执行。工程师不能及时给予书面确认的，承包人应于工程师发出口头指令后 7 天内提出书面确认要求。工程师在承包人提出确认要求后 48 小时内不予答复的，视为口头指令已被确认。

承包人认为工程师的指令不合理，应在收到指令后 24 小时内向工程师提出修改指令的书面报告，工程师在收到承包人报告后 24 小时内作出修改指令或继续执行原指令的决定，并以书面形式通知承包人。紧急情况下，工程师要求承包人立即执行的指令或承包人虽有异议，但工程师决定仍继续执行的指令，承包人应予执行。因指令错误发生的追加合同价款和给承包人造成的损失，由发包人承担，延误的工期相应顺延。

本款规定同样适用于由工程师代表发出的指令、通知。

6.3 工程师应按合同约定，及时向承包人提供所需指令、批准并履行约定的其他义务。由于工程师未能按合同约定履行义务而造成工期延误，发包人应承担延误造成的追加合同价款，并赔偿承包人有关损失，顺延延误的工期。

6.4 如需更换工程师，发包人应至少提前 7 天以书面形式通知承包人，后任工程师继续行使合同文件约定的前任工程师的职权，履行前任的义务。

7. 项目经理

7.1 项目经理的姓名、职务在专用条款内写明。

7.2 承包人依据合同发出的通知，以书面形式由项目经理签字后送交工程师，工程师在回执上签署姓名和收到时间后生效。

7.3 项目经理按发包人认可的施工组织设计(施工方案)和工程师依据合同发出的指令组织施工。在情况紧急且无法与工程师联系时，项目经理应当采取保证人员生命和工程、财产安全的紧急措施，并在采取措施后 48 小时内向工程师送交报告。责任在发包人或第三人的，由发包人承担由此发生的追加合同价款，相应顺延工期；责任在承包人的，由承包人承担费用，不顺延工期。

7.4 承包人如需要更换项目经理，应至少提前7天以书面形式通知发包人，并征得发包人同意。后任项目经理继续行使合同文件约定的前任项目经理的职权，履行前任的义务。

7.5 发包人可以与承包人协商，建议更换其认为不称职的项目经理。

8. 发包人工作

8.1 发包人按专用条款约定的内容和时间完成以下工作：

(1) 办理土地征用、拆迁补偿、平整施工场地等工作，使施工场地具备施工条件，在开工后继续负责解决以上事项的遗留问题；

(2) 将施工所需水、电、电信线路从施工场地外部接至专用条款约定地点，保证施工期间的需要；

(3) 开通施工场地与城乡公共道路的通道，以及专用条款约定的施工场地内的主要道路，满足施工运输的需要，保证施工期间的畅通；

(4) 向承包人提供施工场地的工程地质和地下管线资料，对资料的真实准确性负责；

(5) 办理施工许可证及其他施工所需证件、批件和临时用地、停水、停电、中断道路交通、爆破作业等的申请批准手续(证明承包人自身资质的证件除外)；

(6) 确定水准点与坐标控制点，以书面形式交给承包人，进行现场交验；

(7) 组织承包人和设计单位进行图纸会审和设计交底；

(8) 协调处理施工场地周围地下管线和邻近建筑物、构筑物(包括文物保护建筑)、古树名木的保护工作、承担有关费用；

(9) 发包人应做的其他工作，双方在专用条款内约定。

8.2 发包人可以将8.1条款的部分工作委托承包人办理，双方在专用条款内约定，其费用由发包人承担。

8.3 发包人未能履行8.1条款的各项义务，导致工期延误或给承包人造成损失的，发包人赔偿承包人的有关损失，顺延延误的工期。

9. 承包人工作

9.1 承包人按专用条款约定的内容和时间完成以下工作：

(1) 根据发包人委托，在其设计资质等级和业务允许的范围内，完成施工图设计或与工程配套的设计，经工程师确认后使用，发包人承担由此发生的费用。

(2) 向工程师提供年、季、月度工程进度计划及相应进度统计报表。

(3) 根据工程需要，提供和维修非夜间施工使用的照明、围栏设施，负责安全保卫。

(4) 按专用条款约定的数量和要求，向发包人提供施工场地办公和生活的房屋及设施，发包人承担由此发生的费用。

(5) 遵守政府有关主管部门对施工场地交通、施工噪音以及环境保护和安全生产等的管理规定，按规定办理有关手续，并以书面形式通知发包人，发包人承担由此发生的费用，因承包人责任造成的罚款除外。

(6) 已竣工工程未交付发包人之前，承包人按专用条款约定负责已完工程的保护工作，保护期间发生损坏，承包人自费予以修复；发包人要求承包人采取特殊措施保护的工程部位和相应的追加合同价款，双方在专用条款内约定。

(7) 按专用条款约定做好施工场地地下管线和邻近建筑物、构筑物(包括文物保护建筑)、古树名木的保护工作。

(8) 保证施工场地清洁符合环境卫生管理的有关规定，交工前清理现场达到专用条款约定的要求，承担因自身原因违反有关规定造成的损失和罚款。

(9) 承包人应做的其他工作，双方在专用条款内约定。

9.2 承包人未能履行 9.1 条款的各项义务，造成发包人损失的，承包人赔偿发包人有关损失。

三、施工组织设计和工期

10．进度计划

10.1 承包人应按专用条款约定的日期，将施工组织设计和工程进度计划提交修改意见，逾期不确认也不提出书面意见的，视为同意。

10.2 群体工程中单位工程分期进行施工的，承包人应按照发包人提供图纸及有关资料的时间，按单位工程编制进度计划，其具体内容双方在专用条款中约定。

10.3 承包人必须按工程师确认的进度计划组织施工，接受工程师对进度的检查、监督。工程实际进度与经确认的进度计划不符时，承包人应按工程师的要求提出改进措施，经工程师确认后执行。因承包人的原因导致实际进度与进度计划不符的，承包人无权就改进措施提出追加合同价款。

11．开工及延期开工

11.1 因发包人原因不能按照协议书约定的开工日期开工，工程师应以书面形式通知承包人，推迟开工日期。发包人赔偿承包人因延期开工造成的损失，并相应顺延工期。

12．暂停施工

工程师认为确有必要暂停施工时，应当以书面形式要求承包人暂停施工，并在提出要求后 48 小时内提出书面处理意见。承包人应当按照工程师要求停止施工，并妥善保护已完工程。承包人实施工程师作出的处理意见后，可以书面形式提出复工要求，工程师应当在 48 小时内给予答复。工程师未能在规定时间内提出处理意见，或收到承包人复工要求后 48 小时内未予答复的，承包人可自行复工。因发包人原因造成停工的，由发包人承担所发生的追加合同价款，赔偿承包人由此造成的损失，相应顺延工期；因承包人原因造成停工的，由承包人承担发生的费用，工期不予顺延。

13．工期延误

13.1 因以下原因造成工期延误，经工程师确认，工期相应顺延：

(1) 发包人未能按专用条款的约定提供图纸及开工条件；

(2) 发包人未能按约定日期支付工程预付款、进度款，致使施工不能正常进行；

(3) 工程师未按合同约定提供所需指令、批准等，致使施工不能正常进行；

(4) 设计变更和工程量增加；

(5) 一周内非承包人原因停水、停电、停气造成停工累计超过 8 小时；

(6) 不可抗力；

(7) 专用条款中约定或工程师同意工期顺延的其他情况。

13.2 承包人在 13.1 款情况发生后 14 天内，就延误的工期以书面形式向工程师提出报告。工程师在收到报告后 14 天内予以确认，逾期不予确认也不提出修改意见的，视为同意顺延工期。

14．工程竣工

14.1 承包人必须按照协议书约定的竣工日期或工程师同意顺延的工期竣工。

14.2 因承包人原因不能按照协议书约定的竣工日期或工程师同意顺延的工期竣工的，承包人承担违约责任。

14.3 施工中发包人如需提前竣工，双方协商一致后应签订提前竣工协议，作为合同文件组成部分。提前竣工协议应包括承包人为保证工程质量和安全采取的措施、发包人为提前竣工提供的条件以及提前竣工所需的追加合同价款等内容。

四、质量与检验

15．工程质量

15.1 工程质量应当达到协议书约定的质量标准，质量标准的评定以国家或行业的质量检验评定标准为依据。因承包人原因致使工程质量达不到约定的质量标准的，承包人承担违约责任。

15.2 双方对工程质量有争议，由双方同意的工程质量检测机构鉴定，所需费用及因此造成的损失，由责任方承担。双方均有责任的，由双方根据其责任分别承担。

16．检查和返工

16.1 承包人应认真按照标准、规范和设计图纸要求以及工程师依据合同发出的指令施工，随时接受工程师的检查检验，为检查检验提供便利条件。

16.2 工程质量达不到约定标准的部分，工程师可以要求拆除和重新施工，直到符合约定标准。因承包人原因达不到约定标准，由承包人承担拆除和重新施工的费用，工期不予顺延。

16.3 工程师的检查检验不应影响施工的正常进行。如影响施工正常进行，检查检验不合格时，影响正常施工的费用由承包人承担；除此之外影响正常施工的追加合同价款由发包人承担，相应顺延工期。

16.4 因工程师指令失误或其他非承包人原因发生的追加合同价款，由发包人承担。

17．隐蔽工程和中间验收

17.1 工程具备隐蔽条件或达到专用条款约定的中间验收部位，承包人进行自检，并在隐蔽或中间验收前 48 小时以书面形式通知工程师验收。通知包括隐蔽和中间验收的内容、验收时间和地点。承包人准备验收记录，验收合格，工程师在验收记录上签字后，承包人可进行隐蔽和继续施工；验收不合格，承包人在工程师限定的时间内修改后重新验收。

17.2 工程师不能按时进行验收，应在验收前 24 小时以书面形式向承包人提出延期要求，延期不能超过 48 小时。工程师未能按以上时间提出延期要求，不进行验收的，承包人可自行组织验收，工程师应承认验收记录。

17.3 经工程师验收，工程质量符合标准、规范和设计图纸等要求，验收 24 小时后，工程师不在验收记录上签字，视为工程师已经认可验收记录，承包人可进行隐蔽或继续施工。

18．重新检验

无论工程师是否进行验收，当其要求对已经隐蔽的工程重新检验时，承包人应按要求进行剥离或开孔，并在检验后重新覆盖或修复。检验合格，发包人承担由此发生的全部追加合同价款，赔偿承包人损失，并相应顺延工期；检验不合格，承包人承担发生的全部费用，工期不予顺延。

19．工程试车

19.1 双方约定需要试车的，试车内容应与承包人承包的安装范围相一致。

19.2 设备安装工程具备单机无负荷试车条件，承包人组织试车，并在试车前 48 小时以书面形式通知工程师。通知包括试车内容、时间、地点。承包人准备试车记录，发包人根据承包人的要求为试车提供必要条件。试车合格，工程师在试车记录上签字。

19.3 工程师不能按时参加试车，须在开始试车前 24 小时以书面形式向承包人提出延期要求，不提出延期要求且不参加试车的，应承认试车记录。

19.4 设备安装工程具备无负荷联动试车条件，发包人组织试车，并在试车内容、时间、地点方面对承包人提出要求，承包人按要求做好准备工作。试车合格，双方在试车记录上签字。

19.5 双方责任

(1) 由于设计原因导致试车达不到验收要求，发包人应要求设计单位修改设计，承包人按修改后的设计重新安装。发包人承担修改设计、拆除及重新安装的全部费用和追加合同价款，工期相应顺延。

(2) 由于设备制造原因导致试车达不到验收要求，由该设备采购一方负责重新购置或修理，承包人负责拆除和重新安装。设备由承包人采购的，由承包人承担修理或重新购置、拆除及重新安装的费用，工期不予顺延；设备由发包人采购的，发包人承担上述各项追加合同价款，工期相应顺延。

(3) 由于承包人施工原因导致试车达不到验收要求，承包人按工程师要求重新安装和试车，并承担重新安装和试车的费用，工期不予顺延。

(4) 试车费用除已包括在合同价款之内或专用条款另有约定外，均由发包人承担。

(5) 试车结束 24 小时后，工程师在试车合格情况下不在试车记录上签字，视为工程师已经认可试车记录，承包人可继续施工或办理竣工手续。

19.6 投料试车应在工程竣工验收后由发包人负责，如发包人要求在工程竣工验收前进行或需要承包人配合时，应征得承包人同意，另行签订补充协议。

五、安全施工

20．安全施工与检查

20.1 承包人应遵守工程建设安全生产的有关管理规定，严格按照安全标准组织施工，并随时接受行业安全检查人员依法实施的监督检查，采取必要的安全防护措施，消除事故隐患。由于承包人安全措施不力造成事故的责任和因此发生的费用，由承包人承担。

20.2 发包人应对其在施工场地的工作人员进行安全教育，并对他们的安全负责。发包人不得要求承包人违反安全管理的规定进行施工。因发包人原因导致的安全事故，由发包人承担相应责任及发生的费用。

21．安全防护

21.1 承包人在动力设备、输电线路、地下管道、密封防震车间、易燃易爆地段以及临街交通要道附近施工时，施工开始前应向工程师提出安全防护措施，经工程师认可后实施，防护措施费用由发包人承担。

21.2 实施爆破作业，在放射、毒害性环境中施工(含储存、运输、使用)及使用毒害性、腐蚀性物品施工时，承包人应在施工前14天书面通知工程师，并提出相应的安全防护措施，经工程师认可后实施，由发包人承担安全防护措施费用。

22. 事故处理

22.1 发生重大伤亡及其他安全事故，承包人应按有关规定立即上报有关部门并通知工程师，同时按政府有关部门的要求处理，由事故责任方承担发生的费用。

22.2 发包人和承包人对事故责任有争议时，应按政府有关部门的认定处理。

六、合同价款与支付

23. 合同价款及调整

23.1 招标工程的合同价款由发包人和承包人依据中标通知书中的中标价格在协议书内约定。非招标工程的合同价款由发包人和承包人依据工程预算书在协议书内约定。

23.2 合同价款在协议书内约定后，任何一方不得擅自改变。下列三种确定合同价款的方式，双方可在专用条款内约定采用其中一种：

(1) 固定价格合同。双方在专用条款内约定合同价款包含的风险范围和风险费用的计算方法，在约定的风险范围内合同价款不再调整。风险范围以外的合同价款调整方法，应当在专用条款内约定。

(2) 可调价格合同。合同价款可根据双方的约定而调整，双方在专用条款内约定合同价款调整方法。

(3) 成本加酬金合同。合同价款包括成本和酬金两部分，双方在专用条款内约定成本构成和酬金的计算方法。

23.3 可调价格合同中合同价款的调整因素包括：

(1) 法律、行政法规和国家有关政策变化影响合同价款；

(2) 工程造价管理部门公布的价格调整；

(3) 一周内非承包人原因停水、停电、停气造成停工累计超过8小时；

(4) 双方约定的其他因素。

23.4 承包人应当在23.3款情况发生后14天内，将调整原因、金额以书面形式通知工程师，工程师确认调整金额后作为追加合同价款，与工程款同期支付。工程师收到承包人通知后14天内不予确认也不提出修改意见的，视为已经同意该项调整。

24. 工程预付款

实行工程预付款的，双方应当在专用条款内约定发包人向承包人预付工程款的时间和数额，开工后按约定的时间和比例逐次扣回。预付时间应不迟于约定的开工日期前7天。发包人不按约定预付，承包人在约定预付时间7天后向发包人发出要求预付的通知，发包人收到通知后仍不能按要求预付，承包人可在发出通知后7天停止施工，发包人应从约定应付之日起向承包人支付应付款的贷款利息，并承担违约责任。

25. 工程量的确认

25.1 承包人应按专用条款约定的时间，向工程师提交已完工程量的报告。工程师接到报告后 7 天内按设计图纸核实已完工程量(以下称计量)，并在计量前 24 小时通知承包人，承包人应为计量提供便利条件并派人参加。承包人收到通知后不参加计量，视为计量结果有效，并以此作为工程价款支付的依据。

25.2　工程师收到承包人报告后 7 天内未进行计量，从第 8 天起，承包人报告中开列的工程量即视为被确认，作为工程价款支付的依据。工程师不按约定时间通知承包人，致使承包人未能参加计量的，计量结果无效。

25.3　对承包人超出设计图纸范围和因承包人原因造成返工的工程量，工程师不予计量。

26.　工程款(进度款)支付

26.1　在确认计量结果后 14 天内，发包人应向承包人支付工程款(进度款)。按约定时间发包人应扣回的预付款，与工程款(进度款)同期结算。

26.2　本通用条款第 23 条确定调整的合同价款，第 31 条工程变更调整的合同价款及其他条款中约定的追加合同价款，应与工程款(进度款)同期调整支付。

26.3　发包人超过约定的支付时间不支付工程款(进度款)，承包人可向发包人发出要求付款的通知，发包人收到承包人通知后仍不能按要求付款，可与承包人协商签订延期付款协议，经承包人同意后可延期支付。协议应明确延期支付的时间和从计量结果确认后第 15 天起应付款的贷款利息。

26.4　发包人不按合同约定支付工程款(进度款)，双方又未达成延期付款协议，导致施工无法进行的，承包人可停止施工，由发包人承担违约责任。

七、材料设备供应

27.　发包人供应材料设备

27.1　实行发包人供应材料设备的，双方应当约定发包人供应材料设备的一览表，作为本合同附件(附件 4)。一览表包括发包人供应材料设备的品种、规格、型号、数量、单价、质量等级、提供时间和地点。

27.2　发包人按一览表约定的内容提供材料设备，并向承包人提供产品合格证明，对其质量负责。发包人在所供材料设备到货前 24 小时，以书面形式通知承包人，由承包人派人与发包人共同清点。

27.3　发包人供应的材料设备，承包人派人参加清点后由承包人妥善保管，发包人支付相应的保管费用。因承包人原因发生丢失损坏，由承包人负责赔偿。

发包人未通知承包人清点，承包人不负责材料设备的保管，丢失损坏由发包人负责。

27.4　发包人供应的材料设备与一览表不符时，发包人承担有关责任。发包人应承担责任的具体内容，双方根据下列情况在专用条款内约定：

(1) 材料设备单价与一览表不符，由发包人承担所有价差。

(2) 材料设备的品种、规格、型号、质量等级与一览表不符，承包人可拒绝接收保管，由发包人运出施工场地并重新采购。

(3) 发包人供应的材料规格、型号与一览表不符，经发包人同意，承包人可代为调剂串换，由发包人承担相应费用。

(4) 到货地点与一览表不符，由发包人负责运至一览表指定地点。

(5) 供应数量少于一览表约定的数量时，由发包人补齐；多于一览表约定数量时，发包人负责将多出部分运出施工场地。

(6) 到货时间早于一览表约定时间,由发包人承担因此发生的保管费用;到货时间迟于一览表约定的供应时间,发包人赔偿由此造成的承包人损失,造成工期延误的,相应顺延工期。

27.5 发包人供应的材料设备使用前,由承包人负责检验或试验,不合格的不得使用,检验或试验费用由发包人承担。

27.6 发包人供应材料设备的结算方法,双方在专用条款内约定。

28. 承包人采购材料设备

28.1 承包人负责采购材料设备的,应按照专用条款约定及设计和有关标准的要求采购,并提供产品合格证明,对材料设备质量负责。承包人在材料设备到货前24小时通知工程师清点。

28.2 承包人采购的材料设备与设计标准要求不符时,承包人应按工程师要求的时间运出施工场地,重新采购符合要求的产品,承担由此发生的费用,由此延误的工期不予顺延。

28.3 承包人采购的材料设备在使用前,承包人应按工程师的要求进行检验或试验,不合格的不得使用,检验或试验费用由承包人承担。

28.4 工程师发现承包人采购并使用不符合设计和标准要求的材料设备时,应要求承包人负责修复、拆除或重新采购,由承包人承担发生的费用,由此延误的工期不予顺延。

28.5 承包人需要使用代用材料时,应经工程师认可后才能使用,由此增减的合同价款双方以书面形式议定。

28.6 由承包人采购的材料设备,发包人不得指定生产厂或供应商。

八、工程变更

29. 工程设计变更

29.1 施工中发包人需对原工程进行设计变更,应提前14天以书面形式向承包人发出变更通知。变更超过原设计标准或批准的建设规模时,发包人应报规划管理部门和其他有关部门重新审查批准,并由原设计单位提供变更的相应图纸和说明。承包人按照工程师发出的变更通知及有关要求,进行下列需要的变更:

(1) 更改工程有关部分的标高、基线、位置和尺寸;

(2) 增减合同中约定的工程量;

(3) 改变有关工程的施工时间和顺序;

(4) 其他有关工程变更需要的附加工作。

因变更导致合同价款的增减及造成的承包人损失,由发包人承担,延误的工期相应顺延。

29.2 施工中承包人不得对原工程设计进行变更。因承包人擅自变更设计发生的费用和由此导致发包人的直接损失,由承包人承担,延误的工期不予顺延。

29.3 承包人在施工中提出的合理化建议,涉及对设计图纸或施工组织设计的更改及对材料、设备的换用时,须经工程师同意。未经同意擅自更改或换用时,承包人承担由此发生的费用,并赔偿发包人的有关损失,延误的工期不予顺延。

工程师同意采用承包人的合理化建议,所发生的费用和获得的收益,发包人和承包人另行约定分担或分享。

30．其他变更

合同履行中发包人要求变更工程质量标准及发生其他实质性变更，由双方协商解决。

31．确定变更价款

31.1　承包人在工程变更确定后 14 天内，提出变更工程价款的报告，经工程师确认后调整合同价款。变更合同价款按下列方法进行：

(1) 合同中已有适用于变更工程的价格，按合同已有的价格变更合同价款；

(2) 合同中只有类似于变更工程的价格，可以参照类似价格变更合同价款；

(3) 合同中没有适用或类似于变更工程的价格，由承包人提出适当的变更价格，经工程师确认后执行。

31.2　承包人在双方确定变更后 14 天内不向工程师提出变更工程价款报告时，视为该项变更不涉及合同价款的变更。

31.3　工程师应在收到变更工程价款报告之日起 14 天内予以确认，工程师无正当理由不确认时，自变更工程价款报告送达之日起 14 天后视为变更工程价款报告已被确认。

31.4　工程师不同意承包人提出的变更价款，按本通用条款第 37 条关于争议的约定处理。

31.5　工程师确认增加的工程变更价款作为追加合同价款，与工程款同期支付。

31.6　因承包人自身原因导致的工程变更，承包人无权要求追加合同价款。

九、竣工验收与结算

32．竣工验收

32.1　工程具备竣工验收条件，承包人按国家工程竣工验收的有关规定，向发包人提供完整竣工资料及竣工验收报告。双方约定由承包人提供竣工图的，应当在专用条款内约定提供的日期和份数。

32.2　发包人收到竣工验收报告后 28 天内组织有关单位验收，并在验收后 14 天内给予认可或提出修改意见。承包人按要求修改，并承担由自身原因造成的修改费用。

32.3　发包人收到承包人送交的竣工验收报告后 28 天内不组织验收，或验收后 14 天内不提出修改意见的，视为竣工验收报告已被认可。

32.4　工程竣工验收通过，承包人送交竣工验收报告的日期即为实际竣工日期；工程按发包人要求修改后通过竣工验收的，实际竣工日期为承包人修改后提请发包人验收的日期。

32.5　发包人收到承包人竣工验收报告后 28 天内不组织验收，从第 29 天起承担工程保管及一切意外责任。

32.6　中间交工工程的范围和竣工时间，双方在专用条款内约定，其验收程序按本通用条款 32.1 款至 32.4 款办理。

32.7　因特殊原因，发包人要求部分单位工程或工程部位甩项竣工的，双方另行签订甩项竣工协议，明确双方责任和工程价款的支付方法。

32.8　工程未经竣工验收或竣工验收未通过的，发包人不得使用。发包人强行使用时，由此发生的质量问题及其他问题，由发包人承担责任。

33．竣工结算

33.1　工程竣工验收报告经发包人认可后 28 天内，承包人向发包人递交竣工结算报告及完整的结算资料，双方按照协议书约定的合同价款及专用条款约定的合同价款调整内容，进行工程竣工结算。

33.2 发包人收到承包人递交的竣工结算报告及结算资料后 28 天内进行核实，给予确认或者提出修改意见。发包人确认竣工结算报告，并通知经办银行向承包人支付工程竣工结算价款。承包人收到竣工结算价款后 14 天内将竣工工程交付发包人。

33.3 发包人收到竣工结算报告及结算资料后 28 天内无正当理由不支付工程竣工结算价款，从第 29 天起按承包人同期向银行的贷款利率支付拖欠工程价款的利息，并承担违约责任。

33.4 发包人收到竣工结算报告及结算资料后 28 天内不支付工程竣工结算价款，承包人可以催告发包人支付结算价款。发包人在收到竣工结算报告及结算资料后 56 天内仍不支付的，承包人可以与发包人协议将该工程折价，也可以由承包人申请人民法院将该工程依法拍卖，承包人就该工程折价或者拍卖的价款优先受偿。

33.5 工程竣工验收报告经发包人认可后 28 天内，承包人未能向发包人递交竣工结算报告及完整的结算资料，造成工程竣工结算不能正常进行或工程竣工结算价款不能及时支付，发包人要求交付工程的，承包人应当交付；发包人不要求交付工程的，承包人承担保管责任。

33.6 发包人和承包人对工程竣工结算价款发生争议时，按本通用条款第 37 条关于争议的约定处理。

34．质量保修

34.1 承包人应按法律、行政法规或国家关于工程质量保修的有关规定，对交付发包人使用的工程在质量保修期内承担质量保修责任。

34.2 质量保修工作的实施。承包人应在工程竣工验收之前，与发包人签订质量保修书，作为本合同附件(附件 5)。

34.3 质量保修书的主要内容包括：

(1) 质量保修项目内容及范围；

(2) 质量保修期；

(3) 质量保修责任；

(4) 质量保修金的支付方法。

十、 违约、索赔和争议

35．违约

35.1 发包人违约。当发生下列情况时：

(1) 本通用条款第 24 条提到的发包人不按时支付工程预付款；

(2) 本通用条款第 26.4 款提到的发包人不按合同约定支付工程款，导致施工无法进行；

(3) 本通用条款第 33.3 款提到的发包人无正当理由不支付工程竣工结算价款；

(4) 发包人不履行合同义务或不按合同约定履行义务的其他情况。

发包人承担违约责任，赔偿因其违约给承包人造成的经济损失，顺延延误的工期。双方在专用条款内约定发包人赔偿承包人损失的计算方法，或者发包人应当支付违约金的数额或计算方法。

35.2　承包人违约。当发生下列情况时：

(1) 本通用条款第 14.2 款提到的因承包人原因不能按照协议书约定的竣工日期或工程师同意顺延的工期竣工；

(2) 本通用条款第 15.1 款提到的因承包人原因工程质量达不到协议书约定的质量标准；

(3) 承包人不履行合同义务或不按合同约定履行义务的其他情况。

承包人承担违约责任，赔偿因其违约给发包人造成的损失。双方在专用条款内约定承包人赔偿发包人损失的计算方法，或者承包人应当支付违约金数额的计算方法。

35.3　一方违约后，另一方要求违约方继续履行合同时，违约方承担上述违约责任后仍应继续履行合同。

36．索赔

36.1　当一方向另一方提出索赔时，要有正当的索赔理由，且有索赔事件发生时的有效证据。

36.2　发包人未能按合同约定履行自己的各项义务，或发生错误以及应由发包人承担责任的其他情况，造成工期延误和(或)承包人不能及时得到合同价款及承包人的其他经济损失，承包人可按下列程序以书面形式向发包人索赔：

(1) 索赔事件发生后 28 天内，向工程师发出索赔意向通知；

(2) 发出索赔意向通知后 28 天内，向工程师提出延长工期和(或)补偿经济损失的索赔报告及有关资料；

(3) 工程师在收到承包人送交的索赔报告和有关资料后，于 28 天内给予答复，或要求承包人进一步补充索赔理由和证据；

(4) 工程师在收到承包人送交的索赔报告和有关资料后 28 天内未予答复或未对承包人作进一步要求的，视为该项索赔已被认可；

(5) 当该索赔事件持续进行时，承包人应当阶段性地向工程师发出索赔意向，在索赔事件终了后 28 天内，向工程师送交索赔的有关资料和最终索赔报告。索赔答复程序与(3)(4)的规定相同。

36.3　承包人未能按合同约定履行自己的各项义务或发生错误，给发包人造成经济损失，发包人可按 36.2 款确定的时限向承包人提出索赔。

37．争议

37.1　发包人和承包人在履行合同时发生争议，可以和解或者要求有关主管部门调解。当事人不愿和解、调解或者和解、调解不成的，双方可以在专用条款内约定以下一种方式解决争议：

第一种解决方式：双方达成仲裁协议，向约定的仲裁委员会申请仲裁；

第二种解决方式：向有管辖权的人民法院起诉。

37.2　发生争议后，除非出现下列情况，否则双方都应继续履行合同，保持施工连续，保护好已完工程：

(1) 单方违约导致合同确已无法履行，双方协议停止施工；

(2) 调解要求停止施工，且为双方接受；

(3) 仲裁机构要求停止施工；

(4) 法院要求停止施工。

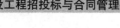

十一、其他

38．工程分包

38.1 承包人按专用条款的约定分包所承包的部分工程，并与分包单位签订分包合同。非经发包人同意，承包人不得将承包工程的任何部分分包。

38.2 承包人不得将其承包的全部工程转包给他人，也不得将其承包的全部工程肢解以后以分包的名义分别转包给他人。

38.3 工程分包不能解除承包人任何责任与义务。承包人应在分包场地派驻相应的管理人员，保证本合同的履行。分包单位的任何违约行为或疏忽导致工程损害或给发包人造成的其他损失，承包人承担连带责任。

38.4 分包工程价款由承包人与分包单位结算。发包人未经承包人同意不得以任何形式向分包单位支付各种工程款项。

39．不可抗力

39.1 不可抗力包括因战争、动乱、空中飞行物体坠落或其他非发包人或承包人责任造成的爆炸、火灾，以及专用条款约定的风雨、雪、洪、震等自然灾害。

39.2 不可抗力事件发生后，承包人应立即通知工程师，在力所能及的条件下迅速采取措施，尽力减少损失，发包人应协助承包人采取措施。不可抗力事件结束后 48 小时内承包人向工程师通报受害情况和损失情况，及预计清理和修复的费用。不可抗事件持续发生，承包人应每隔 7 天向工程师报告一次受害情况。不可抗力事件结束后 14 天内，承包人向工程师提交清理和修复费用的正式报告及有关资料。

39.3 因不可抗力事件产生的费用及延误的工期由双方按以下方法分别承担：

(1) 工程本身的损害、因工程损害导致第三人人员伤亡和财产损失，以及运至施工场地用于施工的材料和待安装的设备的损害，由发包人承担；

(2) 发包人和承包人人员伤亡由其所在单位负责，并承担相应费用；

(3) 承包人机械设备损坏及停工损失，由承包人承担；

(4) 停工期间，承包人应工程师要求留在施工场地的必要的管理人员及保卫人员的费用由发包人承担；

(5) 工程所需清理、修复费用，由发包人承担；

(6) 延误的工期相应顺延。

39.4 因合同一方迟延履行合同后发生不可抗力的，不能免除迟延履行方的相应责任。

40．保险

40.1 工程开工前，发包人为建设工程和施工场内的自有人员及第三人人员的生命财产办理保险，支付保险费用。

40.2 运至施工场地内用于工程的材料和待安装设备，由发包人办理保险，并支付保险费用。

40.3 发包人可以将有关保险事项委托承包人办理，费用由发包人承担。

40.4 承包人必须为从事危险作业的职工办理意外伤害保险，并为施工场地内自有人员的生命财产和施工机械设备办理保险，支付保险费用。

40.5 保险事故发生时，发包人和承包人有责任尽力采取必要的措施，防止或者减少损失。

40.6　具体投保内容和相关责任，发包人和承包人在专用条款中约定。

41．担保

41.1　发包人和承包人为了全面履行合同，应互相提供以下担保：

(1)　发包人向承包人提供履约担保，按合同约定支付工程价款及履行合同约定的其他义务；

(2)　承包人向发包人提供履约担保，按合同约定履行自己的各项义务。

41.2　一方违约后，另一方可以要求提供担保的第三人承担相应责任。

41.3　提供担保的内容、方式和相关责任，发包人和承包人除在专用条款中约定外，被担保方与担保方还应签订担保合同，作为本合同附件。

42．专利技术及特殊工艺

42.1　发包人要求使用专利技术或特殊工艺的，应负责办理相应的申报手续，承担申报、试验、使用等费用；承包人提出使用专利技术或特殊工艺的，应取得工程师认可，承包人负责办理申报手续并承担有关费用。

42.2　擅自使用专利技术侵犯他人专利权的，责任者依法承担相应责任。

43．文物和地下障碍物

43.1　在施工中发现古墓、古建筑遗址等文物及化石或其他有考古、地质研究等价值的物品时，承包人应立即保护好现场并于 4 小时内以书面形式通知工程师，工程师应于收到书面通知后 24 小时内报告当地文物管理部门，发包人承包人按文物管理部门的要求采取妥善保护措施。发包人承担由此发生的费用，顺延延误的工期。

如发现后隐瞒不报，致使文物遭受破坏，责任者依法承担相应责任。

43.2　施工中发现影响施工的地下障碍物时，承包人应于 8 小时内以书面形式通知工程师，　同时提出处置方案，工程师收到处置方案后 24 小时内予以认可或提出修正方案。发包人承担由此发生的费用，顺延延误的工期。

所发现的地下障碍物有归属单位时，发包人应报请有关部门协同处置。

44．合同解除

44.1　发包人和承包人协商一致，可以解除合同。

44.2　发生本通用条款第 26.4 款情况，停止施工超过 56 天，发包人仍不支付工程款(进度款)，承包人有权解除合同。

44.3　发生本通用条款第 38.2 款禁止的情况，承包人将其承包的全部工程转包给他人或者肢解以后以分包的名义分别转包给他人，发包人有权解除合同。

44.4　有下列情形之一的，发包人和承包人可以解除合同：

(1)　因不可抗力致使合同无法履行；

(2)　因一方违约(包括因发包人原因造成工程停建或缓建)致使合同无法履行。

44.5　一方依据 44.2、44.3、44.4 款约定要求解除合同的，应以书面形式向对方发出解除合同的通知，并在发出通知前 7 天告知对方，　通知到达对方时合同解除。对解除合同有争议的，按本通用条款第 37 条关于争议的约定处理。

44.6　合同解除后，承包人应妥善做好已完工程和已购材料、设备的保护和移交工作，按发包人要求将自有机械设备和人员撤出施工场地。发包人应为承包人的撤出提供必要条件，支付以上所发生的费用，并按合同约定支付已完工程价款。已经订货的材料、设备由订货方负责退货或解除订货合同，不能退还的货款和因退货、解除订货合同发生的费用，由发包人承担，因未及时退货造成的损失由责任方承担。除此之外，有过错的一方应当赔偿因合同解除给对方造成的损失。

44.7 合同解除后，不影响双方在合同中约定的结算和清理条款的效力。

45. 合同生效与终止

45.1 双方在协议书中约定合同生效方式。

45.2 除本通用条款第34条外，发包人和承包人应履行合同的全部义务，竣工结算价款支付完毕，承包人向发包人交付竣工工程后，本合同即告终止。

45.3 合同的权利义务终止后，发包人和承包人应当遵循诚实信用原则，履行通知、协助、保密等义务。

46. 合同份数

46.1 本合同正本两份，具有同等效力，由发包人和承包人分别保存一份。

46.2 本合同副本份数，由双方根据需要在专用条款内约定。

47. 补充条款

双方根据有关法律、行政法规规定，结合工程实际，经协商一致后，可对本通用条款内容进行具体化、补充或修改，在专用条款内约定。

参考答案

第一章

一、填空题

1. 自营　承包
2. 发包人　承包人
3. 有形建筑市场　有形和无形市场
4. 市场经济条件　竞争机制
5. 招标人　投标人　代理机构　行政监管机关
6. 法人或其他组织
7. 法人或其他组织　起主导作用
8. 招标组织活动　法人资格
9. 甲级　乙级　暂定级
10. 招标事务
11. 投标人资质
12. 代理费用
13. 政府监督和管理
14. 行业或产业项目　房屋及市政基础设施项目
15. 招投标活动
16. 建设工程招标投标
17. 同级建设行政主管部门
18. 领导与被领导　　指导和监督
19. 承担具体负责建设工程招标投标管理工作　享有可独立以自己的名义行使的管理
20. 经常性稽查　　　专项性稽查

二、选择题

1. D　　2. B　　3. A　　4. D　　5. A
6. A　　7. C　　8. D　　9. A　　10. D

三、名词解释

略

四、简答题

略

第二章

一、填空题

1. 5 个工作日
2. 100 万元
3. 开标后评标前
4. 1 个
5. 15 天
6. 修改招标文件后重新招标
7. 提交履约担保后
8. 书面解答为准，开标时间后延
9. 招标文件及收费都不退回
10. 2/3
11. 自费自愿
12. 细微偏差
13. 投标人的素质
14. 重大偏差
15. 应当拒绝
16. 不予淘汰，在评标结束前予以澄清、补正即可
17. 要求严格的专业资质等级
18. 工程技术、经济管理人员
19. 按无效投标处理
20. 资格预审

二、选择题

(一)单项选择题

1. A   2. B   3. A   4. B
5. C   6. D   7. B   8. A

(二)多项选择题

1. CDE   2. ACD   3. ABCD   4. AE

三、名词解释

略

四、简答题

略

五、案例题

略

第三章

一、填空题

1. 法律保护和监督下　双方同意基础上
2. 获取招标信息　前期投标决策
3. 各种信息资料以及预测的竞争对手情况
4. 深度和范围
5. 工程量　单价　其他各类费用的计算
6. 工程成本最低
7. 企业能力及竞争环境　具体投标策略
8. 按同样格式扩展
9. 方式、手段和艺术　报价
10. 1～2 天
11. 合法资格和能力
12. 投标人
13. 30 日
14. 人工费　材料费　施工机械使用费
15. 规费和企业管理费
16. 投标人自身方面的因素　外部因素
17. 企业的角度　某一工程
18. 较有把握的
19. 经济效益
20. 过低　过高

二、选择题

1. A　　2. A　　3. C　　4. D　　5. D
6. C　　7. B　　8. A　　9. C　　10. D

三、名词解释

略

四、简答题

略

第四章

一、填空题

1. 平等主体
2. 各类建筑产品

3. 合同有效要件

4. 国家所有

5. 主要合同　进度管理　质量管理　费用管理

6. 合同当事人　合法继承人

7. 公平的　显失公平的

8. 直接发包　招标发包

9. 30 天

10. 《协议书》　《通用条款》　《专用条款》

11. 民事主体

12. 合同条款

13. 总纲性

14. 各类建设工程

15. 工程的具体情况

16. 不履行合同义务

17. 经济补偿和(或)工期顺延

18. 双方或多方当事人

19. 共同的意思表示的

20. 欠缺生效条件

二、选择题

1. D	2. A	3. B	4. D	5. D
6. A	7. D	8. D	9. B	10. C
11. B	12. D	13. B	14. B	15. B

三、名词解释

略

四、简答题

略

五、社会调查

略

参 考 文 献

[1] 中国建设监理协会. 建设工程监理相关法规文件汇编[M]. 北京：知识产权出版社，2009.

[2] 中国建设监理协会. 建设工程合同管理[M]. 北京：知识产权出版社，2009.

[3] 全国一级建造师执业资格考试用书编写委员会. 建设工程项目管理[M]. 北京：中国建筑工业出版社，2011.

[4] 全国一级建造师执业资格考试用书编写委员会. 建设工程法规及相关知识[M]. 北京：中国建筑工业出版社，2011.

[5] 何红锋. 招标投标法研究[M]. 天津：南开大学出版社，2004.

[6] 阎强，陈于仲. 招标投标概论[M]. 北京：中国财政经济出版社，2006.

[7] 林善谋. 招标投标法适用案例评析[M]. 北京：机械工业出版社，2004.

[8] 顾永才，田元福. 招投标与合同管理[M]. 北京：科学出版社，2008.

[9] 陈海燕. 工程招投标存在的问题及对策[D]. 南宁：广西大学，2005.

[10] 郝永池. 工程招投标与合同管理[M]. 北京：机械工业出版社，2010.

[11] 王平，李克坚. 招投标·合同管理·索赔[M]. 北京：中国电力出版社，2006.

[12] 郭素芳. 建筑工程招投标与合同管理[M]. 北京：中央广播电视大学出版社，2006.

[13] 王光炎，等. 建筑工程招投标[M]. 天津：天津大学出版社，2012.

[14] 孟祥茹. 物流项目招投标管理[M]. 北京：北京大学出版社，2010.

[15] 张国华. 建设工程招标投标实务[M]. 北京：中国建筑工业出版社，2005.

[16] 危道军. 招标投标与合同管理实务[M]. 北京：高等教育出版社，2005.